U0361272

住房和城乡建设部"十四五"规划教材
高等职业教育建设工程管理类专业实训系列教材

建设工程招投标与合同管理案例实训

侯文婷　主　编

樊文广　徐　娜　牛　萍　副主编

冯　辉　主　审

中国建筑工业出版社

图书在版编目（CIP）数据

建设工程招投标与合同管理案例实训/侯文婷主编；樊文广等副主编 . -- 北京：中国建筑工业出版社，2024.9. --（住房和城乡建设部"十四五"规划教材）（高等职业教育建设工程管理类专业实训系列教材）.

ISBN 978-7-112-30142-3

Ⅰ . TU723

中国国家版本馆 CIP 数据核字第 2024DE2204 号

《建设工程招投标与合同管理案例实训》以职业教育建设工程管理类专业学生未来工作岗位中对于招投标文件编制、合同管理相关工作的能力要求为核心，以相关法律、法规，住房和城乡建设部制定的相关合同示范文本等权威文件为依托，合理设置实训任务，帮助学生提升实践能力，胜任未来工作岗位。

本教材主要内容包括：建设工程招标前期工作实训，建设工程招标文件编制实训，建设工程投标文件编制实训，建设工程开标、评标和定标实训，建设工程施工合同管理实训。教材附录汇编了某真实工程项目招标过程中的相关文件，供学生参考。

本教材可作为职业教育建设工程管理类专业及相关专业的课程教材，也可作为从业人员的学习、参考用书。

为更好地支持相应课程的教学，我们向采用本书作为教材的教师提供教学课件，有需要者可与出版社联系，邮箱：jckj@cabp.com.cn，电话：010-58337285，建工书院 http://edu.cabplink.com（PC端）。欢迎任课教师加入专业教学 QQ 交流群：745126886。

责任编辑：吴越恺　张　晶

责任校对：李欣慰

住房和城乡建设部"十四五"规划教材

高等职业教育建设工程管理类专业实训系列教材

建设工程招投标与合同管理案例实训

侯文婷　主　编

樊文广　徐　娜　牛　萍　副主编

冯　辉　主　审

*

中国建筑工业出版社出版、发行（北京海淀三里河路9号）

各地新华书店、建筑书店经销

北京雅盈中佳图文设计公司制版

北京市密东印刷有限公司印刷

*

开本：787 毫米 × 1092 毫米　1/16　印张：10¾　字数：225 千字

2025 年 1 月第一版　2025 年 1 月第一次印刷

定价：**38.00** 元（赠教师课件）

ISBN 978-7-112-30142-3

（43539）

出版说明

党和国家高度重视教材建设。2016年，中办、国办印发了《关于加强和改进新形势下大中小学教材建设的意见》，提出要健全国家教材制度。2019年12月，教育部牵头制定了《普通高等学校教材管理办法》和《职业院校教材管理办法》，旨在全面加强党的领导，切实提高教材建设的科学化水平，打造精品教材。住房和城乡建设部历来重视土建类学科专业教材建设，从"九五"开始组织部级规划教材立项工作，经过近30年的不断建设，规划教材提升了住房和城乡建设行业教材质量和认可度，出版了一系列精品教材，有效促进了行业部门引导专业教育，推动了行业高质量发展。

为进一步加强高等教育、职业教育住房和城乡建设领域学科专业教材建设工作，提高住房和城乡建设行业人才培养质量，2020年12月，住房和城乡建设部办公厅印发《关于申报高等教育职业教育住房和城乡建设领域学科专业"十四五"规划教材的通知》（建办人函〔2020〕656号），开展了住房和城乡建设部"十四五"规划教材选题的申报工作。经过专家评审和部人事司审核，512项选题列入住房和城乡建设领域学科专业"十四五"规划教材（简称规划教材）。2021年9月，住房和城乡建设部印发了《高等教育职业教育住房和城乡建设领域学科专业"十四五"规划教材选题的通知》（建人函〔2021〕36号）。为做好"十四五"规划教材的编写、审核、出版等工作，《通知》要求：（1）规划教材的编著者应依据《住房和城乡建设领域学科专业"十四五"规划教材申请书》（简称《申请书》）中的立项目标、申报依据、工作安排及进度，按时编写出高质量的教材；（2）规划教材编著者所在单位应履行《申请书》中的学校保证计划实施的主要条件，支持编著者按计划完成书稿编写工作；（3）高等学校土建类专业课程教材与教学资源专家委员会、全国住房和城乡建设职业教育教学指导委员会、住房和城乡建设部中等职业教育专业指导委员会应做好规划教材的指导、协调和审稿等工作，保证编写质量；（4）规划教材出版单位应积极配合，做好编辑、出版、发行等工作；（5）规划教材封面和书脊应标注"住房和城乡建设部'十四五'规划教材"字样和统一标识；

（6）规划教材应在"十四五"期间完成出版，逾期不能完成的，不再作为《住房和城乡建设领域学科专业"十四五"规划教材》。

　　住房和城乡建设领域学科专业"十四五"规划教材的特点，一是重点以修订教育部、住房和城乡建设部"十二五""十三五"规划教材为主；二是严格按照专业标准规范要求编写，体现新发展理念；三是系列教材具有明显特点，满足不同层次和类型的学校专业教学要求；四是配备了数字资源，适应现代化教学的要求。规划教材的出版凝聚了作者、主审及编辑的心血，得到了有关院校、出版单位的大力支持，教材建设管理过程有严格保障。希望广大院校及各专业师生在选用、使用过程中，对规划教材的编写、出版质量进行反馈，以促进规划教材建设质量不断提高。

住房和城乡建设部"十四五"规划教材办公室
2021 年 11 月

前　言

"建设工程招投标与合同管理"是职业教育土木建筑大类专业人才应该掌握的核心能力之一。随着我国建筑市场的深化改革、新质生产力的倡导，对建设工程管理类专业学生运用招投标理论知识在岗位中解决实际问题的能力要求越来越高。本教材通过实训任务的设置，完整地将整个招投标流程梳理出来，达到学生分组按不同角色在实践项目完成的过程中培养专业技能的目的。

本教材以建设工程招投标与合同管理工作全过程中比较典型的工作流程为主线，以住房和城乡建设部制定的《建设工程招标代理合同》GF-2005-0215，《标准施工招标文件》(2017年版)，《建设工程施工合同（示范文本)》GF-2017-0201为模板，设置建设工程招标前期工作实训，建设工程招标文件编制实训，建设工程投标文件编制实训，建设工程开标、评标和定标实训、建设工程施工合同管理实训五个实训任务，附加一个工程项目招标过程资料汇编目录。每个实训任务都有明确的实训目的、知识目标、技能目标和素养目标，实训任务按照先梳理与实训相关的重点理论知识，然后列出实训任务单，明确实训的各项要求和建议，最后给出一个完整的实训任务案例，既遵循招投标流程顺序，任务单元内容又条理清晰、技能点突出，操作性强，突出了招投标岗位职业能力的培养。部分重要知识点和实例以二维码的形式展示。

本教材由内蒙古建筑职业技术学院侯文婷担任主编，内蒙古建筑职业技术学院樊文广、徐娜、牛萍担任副主编，内蒙古永泽工程咨询有限公司薛海红、郭耀华，内蒙古和利工程项目管理有限公司赵伟参编。教材具体编写分工为：实训项目1由薛海红、郭耀华、赵伟编写；实训项目2由牛萍编写；实训项目3由樊文广编写；实训项目4由徐娜编写；实训项目5和附录由侯文婷编写。教材由侯文婷负责统稿，内蒙古和利工程项目管理有限公司正高级工程师冯辉担任主审。

本教材在编写过程中参考了国家有关部门最新颁布的建设工程招投标与合同管理相关的法律、法规、规范，以及近年来出版的专著及相关互联网资料，已在参考文献中列明，在此谨向相关作者表示衷心的感谢！不同省（自治区）、市发布相关地区招投标文件编写的要求和格式范本略有差异，本教材从国家示范文本层面提供思路和参考，各地区院校实训时可灵活调整。

　　由于编者专业水平及自身能力有限，教材中缺陷和疏漏之处在所难免，恳请读者批评和指正。

目 录

实训项目 1
建设工程招标前期工作实训

 实训目的

建设工程招标前期准备工作是工程造价、建设工程管理、建设工程监理等专业学生从事招标岗位工作需要掌握的内容。本部分实训要求学生结合前导课程及招投标部分相关知识，完成建设工程招标前期工作的实训内容。通过对建设工程招标前期工作内容的实训，学生能够做好建设工程招标前期的相关工作，能胜任招标工作岗位。

 知识目标

1.《建设工程招标代理合同》GF—2005—0215 的内容。
2. 招标方案。

 技能目标

1. 能够根据建设单位要求拟定建设工程招标代理合同。
2. 能根据建设单位要求和项目特点编制招标方案。

 素养目标

1. 在委托代理工作过程中树立诚信意识、法治意识，培养职业精神。
2. 在招标方案编制过程中，重视与委托方的沟通、协调，培养学生树立职业服务精神、灵活变通能力。

素养提升拓展
案例

实训任务 1.1　建设工程招标代理合同

1.1.1　《建设工程招标代理合同（示范文本）》GF—2005—0215

《建设工程招标代理合同（示范文本）》GF—2005—0215（以下简称《招标代理合同》）由代理协议书、通用条款和专用条款三部分组成。

（1）代理协议书

合同协议书共9条，主要包括工程概况、委托人与受托人情况、合同价款、组成合同的文件、合同订立、合同生效等重要内容，集中体现了合同当事人基本的合同权利义务。

（2）通用条款

通用条款是合同当事人根据《中华人民共和国招标投标法》《中华人民共和国民法典——合同编》等法律法规的规定，就工程建设项目招标代理过程中的相关事项，对合同当事人的权利义务作出的原则性约定，通用条款应全文引用，不得删改。

通用条款共17条，具体条款分别为词语定义、合同文件及解释顺序、语言文字和适用法律、委托人的义务、受托人的义务、委托人的权利、受托人的权利、委托代理报酬、委托代理报酬的收取、违约、索赔、争议、合同变更或解除、合同生效、合同终止、合同的份数、补充条款。

（3）专用条款

专用条款是对通用条款原则性约定的细化、完善、补充、修改或另行约定的条款。合同当事人可以根据不同建设工程的特点及具体情况，通过双方的谈判、协商对相应的专用条款进行修改补充，但不得违反公正、公平原则。

1.1.2　《建设工程招标代理合同》实训任务单

1. 实训目的

本实训项目旨在通过老师合理引导学生熟悉《建设工程招标代理合同（示范文本）》，完成《建设工程招标代理合同（示范文本）》编制的准备工作，培养学生编写招标代理合同的能力，以及团队合作能力、沟通、协调能力等。

2. 建议实训方式

选取1~2个典型工程项目，选取的工程项目背景类型建议多样化，以真实的工程为实训项目背景，分组完成招标代理合同的签订。以小组为单位模拟招标代理合同签订过程中与委托人发生的问题情境，在项目背景下，遵循示范文本的格式要求，结合理论知识学习，完成任务单中相关资料的编制任务。

3. 建议实训内容

拟定《建设工程招标代理合同示范文本》，包括协议书、专用条款。具体实训内容范围根据项目背景的不同、学生的情况可以进行不同的要求。

4. 提交实训成果

提供给学生空白的《建设工程招标代理合同示范文本》GF—2005—0215，完成示范文本的拟定工作，实训成果包括：

（1）合同协议书。

（2）专用合同条款（实训重点）。

5. 实训进度要求

建议 2~4 课时。

1.1.3　《建设工程招标代理合同（示范文本）》实例

工程建设项目招标代理协议书

委托人：××××园区管理委员会

受托人：××××工程咨询有限公司

依照《中华人民共和国民法典——合同编》《中华人民共和国招标投标法》及国家的有关法律、行政法规，遵循平等、自愿、公平和诚实信用的原则，双方就 ×××园区 ××路提升改造工程施工 招标代理事项协商一致，订立本合同。

一、工程概况

工程名称：×××园区××路提升改造工程。

地　　点：×××市××区××园区××路。

规　　模：　　/　　。

招标规模：工程路线全长 674.486 m。

总投资额：约 720 万元。

二、委托人委托受托人为 ×××园区××路提升改造工程 **工程建设项目的招标代理机构，承担本工程的** 施工 **招标代理工作。**

三、合同价款

代理报酬为人民币，由××园区财政国库收付中心按照××市市级政府采购收费标准支付。

四、组成本合同的文件

1. 本合同履行过程中双方以书面形式签署的补充和修正文件。

2. 本合同协议书。

3. 本合同专用条款。

4. 本合同通用条款。

五、本协议书中的有关词语定义与本合同第一部分《通用条款》中分别赋予它们的定义相同。

六、受托人向委托人承诺，按照本合同的约定，承担本合同专用条款中约定范围内的代理业务。

七、委托人向受托人承诺，按照本合同的约定，确保代理报酬的支付。

八、合同订立

合同订立时间：<u>2024</u> 年 <u>1</u> 月 <u>6</u> 日

合同订立地点：<u>×××园区管理委员会</u>

九、合同生效

本合同双方约定 <u>签字、盖章</u> 后生效。

委托人（盖章）：   联系电话：

法定代表人（签字或盖章）：   传　　真：

授权代理人（签字或盖章）：   电子邮箱：

单位地址：   开户银行：

邮政编码：   账　　号：

受托人（盖章）：   联系电话：

法定代表人（签字或盖章）：   传　　真：

授权代理人（签字或盖章）：   电子邮箱：

单位地址：   开户银行：

邮政编码：   账　　号：

第一部分　通用条款

学员可扫描二维码查阅《建设工程招标代理合同（示范文本）》通用条款部分。

《建设工程招标
代理合同
（示范文本）》
通用条款部分

第二部分　专用条款

一、词语定义和适用法律

1. 相关说明（此处略）

2. 合同文件及解释顺序

2.1　合同文件及解释顺序　同通用条款　。

3. 语言文字和适用法律

3.1　语言文字

本合同采用的文字为：中文　。

3.2　本合同需要明示的法律、行政法规:《中华人民共和国招标投标法》。

二、双方一般权利和义务

4. 委托人的义务

4.1　委托招标代理工作的具体范围和内容：发布资格预审公告，编制、发售资格预审文件，组织资格预审会议，发投标邀请书，汇编、发售招标文件，组织开标、评标会议，汇编招标资料，发中标通知书。

4.2　委托人应按约定的时间和要求完成下列工作：

（1）向受托人提供本工程招标代理业务应具备的相关工作前期资料（如立项批准手续、规划许可、报建证等）及资金落实情况资料的时间：订立合同后三日内。

（2）向受托人提供完全代理招标业务所需的全部资料的时间：订立合同后三日内。

（3）向受托人提供保证招标工作顺利完成的条件：提供与本工程相关的图纸和资料。

（4）指定的与受托人联系的人员

姓名：×××。

职务：×××。

职称：×××。

电话：×××。

（5）需要与第三方协调的工作：无。

（6）应尽的其他义务：无。

5. 受托人的义务

5.1　招标代理项目负责人姓名：×××。身份证号：110×××××××××××××××。

5.2　受托人应按约定的时间和要求完成下列工作：

（1）组织招标工作的内容和时间：（按招标工作的程序写明每项工作的具体内容和时间）发售招标公告时间不少于 5 个工作日；从发售招标文件起 20 日后开标，中标公示不少于 3 个工作日。

（2）为招标人提供的为完成招标工作的相关咨询服务：___无___。

（3）承担招标代理业务过程中，应由受托人支付的费用：___无___。

（4）应尽的其他义务：___无___。

6. 委托人的权利

6.1 委托人拥有的权利：___同通用条款___。

6.2 委托人拥有的其他权利：___无___。

7. 受托人的权利

7.1 受托人拥有的权利：___同通用条款___。

7.2 受托人拥有的其他权利：___无___。

三、委托代理报酬与收取

8. 委托代理报酬

8.1 代理报酬的计算方法：___由 ×× 园区财政国库收付中心按照 ×× 市市级政府采购收费标准支付___。

代理报酬的金额或收取比例：___无___。

代理报酬的币种：人民币，汇率：___无___。

代理报酬的支付方式：由中标人支付。

代理报酬的支付时间：中标通知书发出之日前一次性支付。

9. 委托代理报酬的收取

9.1 预计委托代理费用额度（比例）：___无___。

9.2 逾期支付时，银行贷款利率：___无___。

9.3 逾期支付时，应收取的利息：___无___。

四、违约、索赔和争议

10. 违约

10.1 本合同关于委托人违约的具体责任：

（1）委托人未按照本合同通用条款第 4.2（3）款的约定，未向受托人提供保证招标工作顺利完成的条件应承担的违约责任：___同通用条款___。

（2）委托人未按本合同通用条款第 4.2（6）款的约定，未向受托人支付委托代理报酬应承担的违约责任：___同通用条款___。

（3）双方约定的委托人的其他违约责任：___同通用条款___。

10.2 本合同关于受托人违约的具体责任：

（1）受托人未按照本合同通用条款第 5.2（2）款的约定，未向委托人提供为完成招标工作的咨询服务应承担的责任：___同通用条款___。

（2）受托人违反本合同通用条款第 5.4 款的约定，接受了与本合同工程建设项目有关的投标咨询业务应承担的违约责任：＿＿同通用条款＿＿。

（3）受托人违反本合同通用条款第 5.7 款的约定，泄漏了与本合同工程有关的任何不应泄漏的招标资料和情况应承担的违约责任：＿＿同通用条款＿＿。

（4）双方约定的受托人的其他违约责任：＿＿同通用条款＿＿。

11. 争议

11.1　双方约定，凡因执行本合同所发生的与本合同有关的一切争议，当和解或调解不成时，选择下列第 1 种方式解决：

（1）将争议提交＿工程所在地＿仲裁委员会仲裁。

（2）依法向＿＿/＿＿人民法院提起诉讼。

五、其他

12. 合同份数

12.1　双方约定本合同副本＿四＿份，其中，委托人＿二＿份，受托人＿二＿份。

13. 补充条款：＿＿无＿＿。

实训任务 1.2　招标方案

招标方案是指招标人为了有效实施工程、货物和服务招标，通过分析和掌握招标项目的技术、经济、管理的特征，以及招标项目的功能、规模、质量、价格、进度、服务等需求目标，依据有关法律、法规、技术标准和市场竞争状况，针对一次招标组织实施工作（即招标项目）的总体策划。招标方案是科学、规范、有效地组织实施招标采购工作的必要基础和主要依据。

1.2.1　招标方案主要内容

1. 工程建设项目背景概况

主要介绍工程建设项目的名称、用途、建设地址、项目业主、资金来源、规模、标准、主要功能等基本情况，工程建设项目投资审批、规划许可、勘察设计及其相关核准手续等有关依据，已经具备或正待落实的各项招标条件。

2. 工程招标范围、标段划分和投标资格

（1）首先要依据法律和有关规定确定必须招标的工程施工内容、范围，包括工程施工现场准备、土木建筑工程和设备安装工程等内容。

（2）工程施工招标应该依据工程建设项目管理承包模式、工程设计进度、工程施工组织规划和各种外部条件、工程进度计划和工期要求、各单项工程之间的技术管理

关联性以及投标竞争状况等因素，综合分析研究划分标段，并结合标段的技术管理特点和要求设置投标资格预审的资格能力条件标准，以及投标人可以选择投标标段的空间。

（3）投标资格要求。按照招标项目及其标段的专业、规模、范围、与承包方式有关建筑业企业资质管理规定，初步拟定投标人的资质、业绩标准。

3. 招标组织形式

招标人在编制招标方案前，应依法选择合适的招标组织形式。招标组织形式有自行招标和委托招标两种。组织招标投标活动是一项专业技术要求比较高的工作，选择合适的招标组织形式是成功组织实施招标采购工作的前提。招标人自行招标的，应具有编制招标文件和组织评标的能力；不具备自行招标条件的，应当委托具有相应专业资格能力的招标代理机构进行委托招标。

自行招标受招标人的法律、技术专业水平以及公正意识的限制，有可能影响招标工作的规范和成效。因此，即使招标人具有一定的自行招标能力，也应鼓励优先采用委托招标。

4. 招标方式

根据招标项目的特点和需求，依法选择公开招标或邀请招标方式。如果是政府采购项目，根据我国《政府采购法》规定，政府采购方式有：公开招标、邀请招标、竞争性谈判、竞争性磋商、单一来源采购、询价，可根据项目实际情况依法选择。

5. 招标项目进度安排

工程招标项目进度安排应该依据招标项目的特点和招标人的需求、工程建设程序、工程总体进度计划和招标必需的顺序编制，包括招标各阶段工作内容、工作时间及完成日期等目标要求。招标项目进度安排需特别注意法律法规对某些工作时间的强制性要求。

招标方案总体构成没有硬性规定，根据不同地区、不同委托方的需求进行合理的内容编制，对项目的组织实施进行合理的总体策划，确保项目按期顺利完成。

1.2.2 招标方案实训任务单

1. 实训目的

本实训项目旨在通过老师合理引导学生熟悉招标方案相关知识，完成招标方案编制的准备工作，培养学生编写招标方案的能力，以及团队合作、沟通能力等。

2. 建议实训方式

选取 1~2 个典型工程项目，选取的工程项目背景类型建议多样化，以真实的工程为实训项目背景，分组完成实训。以小组为单位模拟委托人对项目实施的问题情境，在项目背景下，结合理论知识学习，完成任务单中招标方案的编制任务。

3. 建议实训内容

编写招标方案，具体实训内容根据项目背景的不同、学生的情况可以进行不同的要求（各省、市有招标方案格式要求的，实训时可参照）。

4. 提交实训成果

提供给学生项目背景，完成招标方案的编写工作。

实训成果：招标方案。

5. 实训进度要求

建议 1~2 课时。

1.2.3　招标方案实例

××市××街改造建设项目招标方案

一、项目基本情况

1. 项目名称：××市××街改造建设项目。

2. 工程建设项目位置：××市××街居委会；东至××桥头，西至××局，南至河堤，北邻北环路。

3. 工程建设项目负责人：×××　　　　　　　　电话：138××××××××

工程建设项目联系人：×××　　　　　　　　电话：180××××××××

4. 项目投资及资金来源方式：自筹及部分银行贷款。

5. 主要建设内容：多层、高层、仿古建筑以及休闲广场、停车场、步行街、绿化、水电路等公共基础设施以及农贸市场、医疗、卫生、社区、教育、市政、办公等公共服务机构。

二、项目招标方式及范围

1. 招标方式：本项目在全国范围内采用公开方式招标，由××市××房地产开发有限公司自行组织项目招标事宜。

2. 招标范围：本项目拟进行（工程建筑、装饰项目）施工、监理、与建设项目有关的主要材料及其他单项、分项工程招标。

三、招标组织形式

根据法律、法规规定，本项目拟采取自行招标形式。理由如下：

1. 我单位拥有与招标项目的规模和复杂程度相适应的工程技术、概预算、财务和工程管理等专业技术力量。

2. 我单位有专门招标机构。

3. 有工程招标基本经验，组织过类似工程项目的招标工作。

4. 有专职招标业务人员，熟悉招投标法律、法规及政策。

四、招标公告的发布

按照规定必须招标的内容采用公开招标，公告在《中国采购与招标网》或《××省政府采购网》或《××省招标信息网》上公开发布。

五、招标原则和资质要求

（一）招标原则：遵照公开、公平、公正、科学、择优的原则，发布招标公告，公开接受投标报名，不限制任何潜在投标人。

（二）资质要求：投标人应满足以下条件：

1. 独立法人资格。

2. 具备建设行政主管部门颁发的《建筑业企业资质等级》三级及以上资质。

3. 项目经理须具备建筑工程专业二级及以上建造师资格。

4. 2020 年以来有类似街道改造项目施工业绩，企业资信良好，无不良记录。

5. 具备与项目建设标准相适应的技术设备。

6. 本项目招标不接受联合体投标，不允许转包和分包。

六、招标文件获取时间

招标公告和招标文件同时发布，招标文件获取时间：5 个工作日。

七、项目开标时间

按照《中华人民共和国招标投标法》规定，公开招标自招标文件开始发出之日起至投标人提交投标文件截止之日止，不得少于二十日，具体时间见附表"招标时间安排计划表"（表 1-2-1）。

以上是针对本项目制定的初步招标方案。

招标时间安排计划表　　　　　　　　　　　　　　　　　　表 1-2-1

序号	工作内容	持续时间
1	编制招标文件及招标人确认	5 个工作日
2	发布招标公告及招标文件	5 个工作日
3	投标人编制投标文件	20 日（公开招标）
4	开标、评标	1 个工作日
5	中标结果公示	1 个工作日
6	发放中标通知书	1 个工作日
7	与中标人签订合同	1 个工作日

实训项目 2
建设工程招标文件编制实训

 实训目的

建设工程招标文件编制是建设工程招投标活动的重要组成部分,是工程造价、建设工程管理、建设工程监理等专业学生从事招投标工作必须掌握的内容。本部分实训要求学生结合前导课程及招标具体业务相关知识,完成建设工程招标文件编制实训内容。通过对建设工程招标文件编制部分内容的实训,学生能够编制施工招标文件中的招标公告、投标人须知、评标办法(综合评估法)等,从而能胜任招投标专项工作。

 知识目标

1.《标准施工招标文件》(2017 年版)的构成。

2. 招标公告(投标邀请书)。

3. 投标人须知。

4. 评标办法。

 技能目标

1. 能够根据项目背景编制招标公告。

2. 能够根据项目背景编制投标人须知。

3. 能够根据项目背景编制评标办法。

 素养目标

1. 在招标公告、投标人须知的编制过程中扎实掌握招投标理论知识,培养学生的实操能力。

2. 通过评标办法的编制激发学生劳动意识,培养学生精益求精的工匠精神。

素养提升拓展案例

实训任务 2.1 招标公告（投标邀请书）

2.1.1 《标准施工招标文件》（2017 年版）的构成

《标准施工招标文件》（2017 年版）适用于一定规模以上，且设计和施工不是由同一承包商承担的工程施工招标。

一般情况下，各类工程施工招标文件的内容大致相同，但组卷方式可能有所区别。我们以《标准施工招标文件》（2017 年版）为范本介绍工程施工招标文件的内容和编写要求。《标准施工招标文件》（2017 年版）共包括封面格式和四卷八章的内容。

第一卷　第一章　招标公告（投标邀请书）（见本教材实训任务 2.1）

第二章　投标人须知（见本教材实训任务 2.2）

第三章　评标办法（见本教材实训任务 2.3）

第四章　合同条款及格式

第五章　工程量清单

第二卷　第六章　图纸（略）

第三卷　第七章　技术标准和要求（略）

第四卷　第八章　投标文件格式

2.1.2 招标公告（未进行资格预审）

1. 招标公告

招标公告是指招标人在进行科学研究、技术攻关、工程建设、合作经营或大宗商品交易时，公布标准和条件，提出价格和要求等项目内容，以期从中筛选出合适的投标人参与招标活动的一种文书。

2. 招标公告的发布方式

目前国内外市场上使用的建设工程招标方式主要有公开招标、邀请招标两种。根据《中华人民共和国招标投标法》（下简称《招标投标法》）第十六条，招标人采用公开招标方式的，应当发布招标公告。

《招标投标法》第十条规定，公开招标，是指招标人以招标公告的方式邀请不特定的法人或者其他组织投标。发布招标公告是公开招标最显著的特征之一，招标公告在何种媒介上发布，直接决定了招标信息的传播范围，进而影响到招标的竞争程度和招标效果。

依法必须进行招标项目的招标公告，应在国家指定的信息网络平台或者其他媒介上发布。也就是说在发布招标公告时，除在省、自治区、直辖市人民政府指定的媒介发布外，在招标人自愿的前提下，可以同时在其他媒介发布。任何单位和个人不得违法指定或者限制招标公告的发布和发布范围。对非法干预招标公告发布活动的，依法追究领导和直接责任人的责任。在指定媒介发布必须招标项目的招标公告，不得收取费用。

3. 招标公告（投标邀请书）内容要求

招标公告中，主要内容应为对招标人和招标项目的描述，使潜在的投标企业在掌握这些信息的基础上，根据自身情况，作出是否购买招标文件并投标的决定。

招标公告应当载明招标人的名称和地址，招标项目的性质、数量，实施地点和时间以及获取招标文件的办法等事项。《标准施工招标文件》（2017 年版）第一章 招标公告（未进行资格预审）中要求载明的内容有：

（1）招标条件；

（2）项目概况与招标范围；

（3）投标人资格要求；

（4）招标文件的获取；

（5）投标文件的递交；

（6）发布公告的媒介；

（7）联系方式。

招标人应当按招标公告或者投标邀请书规定的时间、地点出售招标文件或资格预审文件。自招标文件或者资格预审文件出售之日起至停止出售之日止，最短不得少于五日。

在市场经济条件下，对于招标人来说，通过招标公告择善而从，可以节约成本或投资，降低造价，缩短工期或交货期，确保工程或商品项目质量，促进经济效益的提高。

2.1.3　投标邀请书

招标人采用邀请招标方式的，应当向三个以上具备承担招标项目能力、资信良好的特定的法人或者其他组织发出投标邀请书。投标邀请书是在招标人对投标人事先调查了解的基础上发出的，投标邀请书具有较强的针对性。

投标邀请书应当载明招标人的名称和地址、招标项目的性质、数量、施工地点和时间以及获取招标文件的办法等事项。

招标人可以根据招标项目本身的要求，在招标公告或者投标邀请书中，要求潜在投标人提供有关资质证明文件和业绩情况，并对潜在投标人进行资格审查；国家对投标人的资格条件有规定的，依照其规定。

2.1.4 招标公告（未进行资格预审）实训任务单

1. 实训目的

本实训项目旨在通过老师合理引导学生熟悉《标准施工招标文件》（2017年版）中的招标公告，完成招标公告编制的准备工作，在熟悉招标投标相关知识点的基础上培养学生编写招标公告以及团队协作、沟通能力。

2. 建议实训方式

选取3~5个典型工程项目，选取的建设工程项目类型建议多样化（住宅、办公楼、教学楼、综合商场等），以真实的工程为实训项目背景，分组完成实训内容。以小组为单位拟定项目背景，按照招标公告（未进行资格预审）格式要求，结合所学理论知识，完成任务单中相关内容的编制任务。

3. 建议实训内容

根据所给定的《标准施工招标文件》（2017年版）中的招标公告格式，编制招标公告。具体实训内容根据项目背景的不同，各小组进行编制（各省、自治区、直辖市有相关招标公告格式要求的，实训时可参照）。

4. 提交实训成果

提供给学生空白的招标公告格式，完成项目背景拟定内容。

实训成果：完整的招标公告。

招标公告格式

5. 实训进度要求

建议2~4课时。

2.1.5 招标公告（未进行资格预审）实例

1. 案例背景

×××住宅小区1号商业楼、1号住宅楼施工招标（招标文件编号：JZ-2023-001）已经在×××市×××区住房和城乡建设局备案。该工程1号商业楼建筑面积7200m²、1号住宅楼建筑面积12000m²，工程总建筑面积19200m²。位于×××市×××区×××路东侧，工程计划投资8640万元，工程所需资金来源中国有投资0.00%、非国有投资100.00%；工期要求：375日历天；投标人资质等级要求：具有建设行政主管部门颁发的建筑工程施工总承包二级及以上资质，拟派建造师必须为本企业注册的建筑工程专业一级建造师，并且具有安全生产考核合格证。工程质量要求达到国家工程质量验评合格标准。项目已具备招标条件，现对该项目进行公开招标。

2. 招标公告编制

第一章　招标公告（未进行资格预审）

××× 住宅小区 1 号商业楼、1 号住宅楼（项目名称）/ 标段施工招标公告

1. 招标条件

本招标项目 ××× 住宅小区 1 号商业楼、1 号住宅楼（项目名称）已由 ××× 市 ××× 区住房和城乡建设局备案（项目审批、核准或备案机关名称）以 JZ-2023-001（批文名称及编号）批准建设，项目业主为 ××× 房地产开发有限责任公司 ，建设资金来自 非国有投资 （资金来源），项目出资比例为国有投资 0.00%、非国有投资 100.00%，招标人为 ××× 房地产开发有限责任公司 。项目已具备招标条件，现对该项目的施工进行公开招标。

2. 项目概况与招标范围

2.1　建设地点：××× 市 ××× 区 ××× 路东侧。

2.2　建筑规模：1 号商业楼建筑面积 7200m²、1 号住宅楼建筑面积 12000m²，工程总建筑面积 19200m²。

2.3　计划工期：375 日历天。

计划开工日期：2023 年 5 月 10 日。

计划竣工日期：2024 年 5 月 18 日。

2.4　招标范围：本项目施工图纸范围内。

2.5　标段划分：本项目划分为一个标段。

（说明本次招标项目的建设地点、规模、计划工期、招标范围、标段划分等）。

3. 投标人资格要求

3.1　本次招标要求投标人须具备建设行政主管部门颁发的建筑工程施工总承包二级及以上资质，同时具有有效的安全生产许可证证书；拟派建造师必须为本企业注册的建筑工程专业一级建造师，并且具有安全生产考核合格证。近三年承接过类似项目，并在人员、设备、资金等方面具有相应的施工能力。

3.2　本次招标 不接受 （接受或不接受）联合体投标。联合体投标的，应满足下列要求：/ 。

3.3　各投标人均可就上述标段中的 1（具体数量）个标段投标。

4. 招标文件的获取

4.1　凡有意参加投标者，请于 2023 年 3 月 6 日至 2023 年 3 月 10 日（法定公休日、法定节假日除外），每日上午 9：00 至 12：00，下午 14：30 至 17：00（北京时间，下同），在 ××× 市 ××× 区 ××× 商业楼 ××× 公司 ××× 办公室 详细地址）持单位介绍信购买招标文件。

4.2 招标文件每套售价 500 元，售后不退。图纸押金 3000 元，在退还图纸时退还（不计利息）。

4.3 邮购招标文件的，需另加手续费（含邮费）50 元。招标人在收到单位介绍信和邮购款（含手续费）后 1 日内寄送。

5. 投标文件的递交

5.1 投标文件递交的截止时间（投标截止时间，下同）为 2023 年 3 月 29 日 9 时 30 分，地点为 ×××市公共资源交易中心 ×××室。

5.2 逾期送达的或者未送达指定地点的投标文件，招标人不予受理。

6. 发布公告的媒介

本次招标公告同时在 ×××市公共资源交易中心网、《中国建设报》（发布公告的媒介名称）上发布。

7. 联系方式

招标人：×××房地产开发有限责任公司　　招标代理机构：×××招标代理公司

地　址：×××房地产中心大厦　　　　　　地　址：×××商业楼×××层

邮　编：××××××　　　　　　　　　　邮　编：××××××

联系人：××　　　　　　　　　　　　　　联系人：××

电　话：155××××××××　　　　　　电　话：156××××××××

传　真：×××–11111111　　　　　　　　传　真：×××–22222222

电子邮件：1234×××@qq.com　　　　　　电子邮件：2356×××@qq.com

网　址：https://www.di×××.com　　　　网　址：https://www.da×××.com

开户银行：××市××行××支行　　　　　开户银行：××市××行××支行

账　号：1234567895555　　　　　　　　账　号：1234567896666

2023 年 3 月 5 日

实训任务 2.2　投标人须知

2.2.1　投标人须知及注意问题

1. 投标人须知

投标人须知是指招标文件中主要用来告知投标人投标时有关注意事项的文件。投标人须知一般由"投标人须知前附表"和"投标人须知正文"组成。"投标人须知前附表"用于进一步明确"投标人须知正文"中的未尽事项，是对"投标人须知"具体内容的说明与补充。"投标人须知前附表"内容应结合招标项目特点编制，不得与"投标人须知正文"内容相抵触，与"投标人须知正文"内容不一致时应以"投标人须知前附表"规定为准。

2. 投标人须知内容

从《标准施工招标文件》（2017 年版）中可知投标人应具备承担相应投标工程的资质条件、能力和信誉，资质条件、财务要求、业绩要求、信誉要求、项目经理资格及其他要求均是在投标人须知中明确的条件。

（1）"投标人须知前附表"内容

投标人须知前附表一般包括：

1）招标项目，包括招标项目名称、招标控制价、建设地点、资金来源。

2）招标项目当事人，包括招标人、招标代理机构及其联系方式。

3）投标人资质条件、能力和信誉及应提供的资格证明材料。

4）投标保证金、投标有效期的规定。

5）投标时间安排，包括可能组织现场考察或者召开答疑会的时间安排，提交投标文件截止时间和地点、开标时间和地点等。

6）评标委员会的组建及要求。

7）招标文件澄清的相关规定。

8）履约担保。

9）其他规定。

（2）"投标人须知正文"内容

1）总则。

2）招标文件。

3）投标文件。

4）投标。

5）开标。

6）评标。

7）合同授予。

8）重新招标和不再招标。

9）纪律和监督。

10）需要补充的其他内容。

3. 投标人须知编制中常见问题

（1）资金来源

资金来源是指资金的来源渠道。建设工程资金来源主要包括政府投资和自筹资金两种。政府投资是由国家财政预算拨给建设单位用于建设的资金；自筹资金是由地方财政、各部门和各单位自行筹集并经批准拨给建设单位的资金。

（2）招标范围

招标范围指的是招标文件规定需要完成的工作量。

（3）计划工期

计划工期按照日历天数算，包括计划开工日期和计划竣工日期。

（4）踏勘现场

踏勘现场是在招标文件发售之后进行的，是为了让投标人了解工程项目的现场条件、自然条件、施工条件及周围环境条件，以便更好地编制投标文件。

（5）投标预备会

投标预备会，也称标前会议或者答疑会。投标预备会由招标人组织并主持召开，目的在于解答投标人提出的关于招标文件和踏勘现场的疑问，一般在踏勘现场同一天组织或踏勘现场后1~2日内组织完成。

（6）招标文件澄清

投标人收到招标文件、图纸和有关资料后，若有疑问或不清楚的问题需要解答、解释的，应当在招标文件中相应规定的时间内以书面形式向招标人提出，招标人应以书面形式或在投标预备会上予以解答。

招标人对招标文件所做的任何澄清和修改，须在投标截止日期15日前发给获得招标文件的所有投标人。潜在投标人或者其他利害关系人对招标文件有异议的，应当在投标截止时间10日前提出。

（7）投标有效期

投标有效期是指为保证招标人有足够的时间在开标后完成评标、定标、合同签订等工作而要求投标人提交的投标文件在一定时间内保持有效的期限，该期限由招标人在招标文件中载明，从提交投标文件的截止之日起算，投标有效期常设定为从投标截止日期起45天、60天、90天，较大规模项目也可设定为120天。

（8）投标保证金

1）投标保证金是指投标人按照招标文件的要求向招标人出具的，以一定金额表示的投标担保。投标保证金除现金外，也可以是银行出具的银行保函、保兑支票、银行汇票或现金支票。

2）《中华人民共和国招标投标法实施条例》第二十六条明确了招标人在招标文件中要求投标人提交投标保证金的，投标保证金不得超过招标项目估算价的2%。《工程建设项目施工招标投标办法》规定投标保证金最高不得超过八十万元人民币。投标保证金有效期应当与投标有效期一致。

（9）评标委员会

评标委员会由招标人的代表和有关技术、经济等方面的专家组成，成员人数为5人以上单数，其中招标人、招标代理机构以外的技术、经济等方面的专家不得少于成员总数的 2 /3。

（10）履约担保

履约担保的形式为现金、银行保函、保兑支票、银行汇票或现金支票。《中华人民共和国招标投标法实施条例》第五十八条明确了招标文件要求中标人提交履约保证金的，中标人应当按照招标文件的要求提交。履约保证金不得超过中标合同金额的 10%。

2.2.2　投标人须知实训任务单

1. 实训目的

本实训项目旨在通过老师合理引导学生熟悉投标人须知相关知识及注意问题，完成投标人须知编制的准备工作，锻炼学生编写投标人须知前附表的能力，培养学生团队合作、沟通能力及分析问题的能力等。

2. 建议实训方式

选取 3~5 个典型工程项目，选取的建设工程项目类型建议多样化（住宅、商业楼、办公楼、教学楼、宿舍楼等），以真实的项目为实训项目背景，分组完成实训内容。本次实训任务应与实训任务 2.1 招标公告前后呼应、紧密联系。继续根据所给案例背景中相关要求完成投标人须知的编写。各小组按拟定项目背景，参照投标人须知格式要求，结合所学理论知识，完成任务单中相关内容的编制任务。

3. 建议实训内容

根据所给定的《标准施工招标文件》（2017 年版）中的投标人须知格式，编制投标人须知。具体实训内容各小组可以根据不同背景情况进行编制（各省、自治区、直辖市有相关投标人须知格式要求的，实训时可参照）。

4. 提交实训成果

提供给学生投标人须知格式，完成项目背景拟定内容。

实训成果：完整的投标人须知。

5. 实训进度要求

建议 6~10 课时。

投标人须知前
附表

2.2.3　投标人须知实例

1. 案例背景

×××住宅小区 1 号商业楼、1 号住宅楼施工招标（招标文件编号：JZ-2023-001）已经在×××市×××区住房和城乡建设局备案。该工程 1 号商业楼建筑面积 7200m²、1 号住宅楼建筑面积 12000m²，工程总建筑面积 19200m²。位于×××市×××区×××路东侧，工程计划投资 8640 万元，工程所需资金来源中国有投资 0.00%、非国有投资 100.00%；工期要求：375 日历天；投标人资质等级要求：具有建设行政主管部门颁发的建筑工程施工总承包二级及以上资质，拟派建造师必须为本企业注册的建筑工程专业一级建造师，并且具有安全生产考核合格证。工程质量要求达到国家工程质量验评合格标准。项目已具备招标条件，现对该项目进行公开招标。

2. 投标人须知编制

第二章　投标人须知

投标人须知前附表见表 2-2-1。

投标人须知前附表　　　　　　　　　　　　表 2-2-1

条款号	条款名称	编列内容
1.1.2	招标人	名称：×××房地产开发有限责任公司 地址：×××房地产中心大厦 联系人：刘×× 电话：155××××××××
1.1.3	招标代理机构	名称：×××招标代理公司 地址：×××某商业楼×××层 联系人：张×× 电话：156××××××××
1.1.4	项目名称	×××住宅小区 1 号商业楼、1 号住宅楼
1.1.5	建设地点	×××市×××区×××路东侧
1.2.1	资金来源	自筹
1.2.2	出资比例	100%
1.2.3	资金落实情况	资金已全部落实
1.3.2	计划工期	计划工期：375 日历天 计划开工日期：2023 年 5 月 10 日 计划竣工日期：2024 年 5 月 18 日
1.3.3	质量要求	达到国家工程质量验评合格标准
1.4.1	投标人资质条件、能力和信誉	资质条件：投标人必须具有独立承担民事责任的能力，投标人须具备建设行政主管部门颁发的建筑工程施工总承包二级及以上资质； 财务要求：经审计的近三年度财务报表，包括资产负债表、损益表（利润表）和现金流量表，审计报告（近三年指 2020 年、2021 年、2022 年）；近三年没有处于被责令停业或破产状态，且资产未被重组、接管和冻结； 业绩要求：近三年承接过类似项目业绩（近三年是指 2020 年 5 月 10 日至 2023 年 5 月 9 日）； 信誉要求：投标单位在"信用中国"网络平台未被列入失信惩戒对象、重点关注名单查询、中国裁判文书网，无行贿犯罪行为，并提供相关截图； 项目经理（建造师，下同）资格：拟派建造师必须为本企业注册的具有建筑工程专业一级建造师，并且具有安全生产考核合格证； 其他要求：无

续表

条款号	条款名称	编列内容
1.4.2	是否接受联合体投标	☑ 不接受 ☐ 接受，应满足下列要求：
1.9.1	踏勘现场	☑ 不组织 ☐ 组织，踏勘时间： 　　踏勘集中地点：
1.10.1	投标预备会	☑ 不召开 ☐ 召开，召开时间： 　　召开地点：
1.10.2	投标人提出问题的截止时间	投标截止日期 10 日前，以书面形式通知招标人或招标代理机构，代理机构所作出的答复，以书面形式通知所有潜在投标人
1.10.3	招标人书面澄清的时间	在投标截止时间 15 日前，以书面形式通知所有招标文件收受人
1.11	分包	☑ 不允许 ☐ 允许，分包内容要求： 　　分包金额要求： 　　接受分包的第三人资质要求：
1.12	偏离	☑ 不允许 ☐ 允许
2.1	构成招标文件的其他材料	对招标文件所作的澄清、修改，构成招标文件的组成部分
2.2.1	投标人要求澄清招标文件的截止时间	投标截止日期 15 日前
2.2.2	投标截止时间	2023 年 3 月 29 日 9 时 30 分
2.2.3	投标人确认收到招标文件澄清的时间	投标人在收到澄清后 24 小时以内以书面形式通知招标人或招标代理机构
2.3.2	投标人确认收到招标文件修改的时间	投标人在收到修改后 24 小时以内以书面形式通知招标人或招标代理机构
3.1.1	构成投标文件的其他材料	投标人的书面澄清、说明和补正
3.3.1	投标有效期	从投标截止日期（不含当日）算起 90 天有效
3.4.1	投标保证金	投标保证金的形式：保兑支票、银行汇票等形式； 投标保证金的金额：伍拾万元整（小写：500000 元），投标保证金必须在 2023 年 3 月 29 日 9 时 30 分前（以银行到账时间为准）转入保证金专用账户
3.5.2	近年财务状况的年份要求	近三 年是指 2020 年、2021 年、2022 年，投标人成立不足三年的，应提供自成立之日起的财务会计报表
3.5.3	近年完成的类似项目的年份要求	近三 年是指 2020 年 5 月 10 日至 2023 年 5 月 9 日

条款号	条款名称	编列内容
3.5.5	近年发生的诉讼及仲裁情况的年份要求	近三 年是指 2020 年 5 月 10 日至 2023 年 5 月 9 日
3.6	是否允许递交备选投标方案	☑ 不允许 ☐ 允许
3.7.3	签字或盖章要求	投标文件中的投标函、授权委托书及招标文件要求签字、盖章的地方由法定代表人或委托代理人签字并加盖投标单位公章
3.7.4	投标文件副本份数	叁 份
4.1.2	封套上写明	招标人的地址： 招标人名称： （项目名称） 标段投标文件 在 2023 年 3 月 29 日 9 时 30 分前不得开启
4.2.2	递交投标文件地点	×××市公共资源交易中心 ×××室
4.2.3	是否退还投标文件	☑ 否 ☐ 是
5.1	开标时间和地点	开标时间：同投标截止时间 开标地点：×××市公共资源交易中心 ×××室 注：投标人法定代表人参加开标的，需携带身份证及法定代表人身份证明原件，投标人授权委托人参加开标的，需携带身份证及授权委托书原件
5.2	开标程序	（1）密封情况检查：投标人代表或公证机构 （2）开标顺序：递交投标文件的逆顺序
6.1.1	评标委员会的组建	评标委员会构成：5 人，其中招标人代表 1 人，专家 4 人； 评标专家确定方式：在专家库中随机抽取专家
7.1	是否授权评标委员会确定中标人	☐ 是 ☑ 否，推荐的中标候选人数：3 名
7.3.1	履约担保	履约担保的形式：保兑支票、银行汇票等形式； 履约担保的金额：中标合同金额的 10%
10	需要补充的其他内容	
10.1		（1）本项目招标控制价：捌仟伍佰万元整（小写：85000000 元）。 （2）投标人报价超出此控制价即为无效投标
10.2		（1）本项目采用资格后审，开标后评标委员会按照招标文件规定的标准和方法对投标人的资格进行审查。 （2）请携带其他因素评分中涉及材料的原件

第三章 投标人须知（正文）编制

1. 总则

1.1 项目概况

1.1.1 根据《中华人民共和国招标投标法》等有关法律、法规和规章的规定，本招标项目已具备招标条件，现对本标段施工进行招标。

1.1.2 本招标项目招标人：见投标人须知前附表。

1.1.3 本标段招标代理机构：见投标人须知前附表。

1.1.4 本招标项目名称：见投标人须知前附表。

1.1.5 本标段建设地点：见投标人须知前附表。

1.2 资金来源和落实情况

1.2.1 本招标项目的资金来源：见投标人须知前附表。

1.2.2 本招标项目的出资比例：见投标人须知前附表。

1.2.3 本招标项目的资金落实情况：见投标人须知前附表。

1.3 招标范围、计划工期和质量要求

1.3.1 本次招标范围：见投标人须知前附表。

1.3.2 本标段的计划工期：见投标人须知前附表。

1.3.3 本标段的质量要求：见投标人须知前附表。

1.4 投标人资格要求（适用于未进行资格预审的）

1.4.1 投标人应具备承担本标段施工的资质条件、能力和信誉。

（1）资质条件：见投标人须知前附表；

（2）财务要求：见投标人须知前附表；

（3）业绩要求：见投标人须知前附表；

（4）信誉要求：见投标人须知前附表；

（5）项目经理资格：见投标人须知前附表；

（6）其他要求：见投标人须知前附表。

1.4.2 投标人不得存在下列情形之一：

（1）招标人不具有独立法人资格的附属机构（单位）；

（2）本标段前期准备提供设计或咨询服务的，但设计施工总承包的除外；

（3）本标段的监理人；

（4）本标段的代建人；

（5）为本标段提供招标代理服务的；

（6）与本标段的监理人或代建人或招标代理机构同为一个法定代表人的；

（7）与本标段的监理人或代建人或招标代理机构相互控股或参股的；

（8）与本标段的监理人或代建人或招标代理机构相互任职或工作的；

（9）被责令停业的；

（10）被暂停或取消投标资格的；

（11）财产被接管或冻结的；

（12）在最近三年内有骗取中标或严重违约或重大工程质量问题的。

1.5 费用承担

投标人准备和参加投标活动发生的费用自理。

1.6 保密

参与招标投标活动的各方应对招标文件和投标文件中的商业和技术等秘密保密，违者应对由此造成的后果承担法律责任。

1.7 语言文字

除专用术语外，与招标投标有关的语言均使用中文。必要时专用术语应附有中文注释。

1.8 计量单位

所有计量均采用中华人民共和国法定计量单位。

1.9 踏勘现场

1.9.1 招标人不统一组织现场踏勘。投标人可与招标人直接联系，对工程现场和周围环境进行勘察，以便获取投标人编制投标文件和签署合同所需的资料。

1.9.2 投标人踏勘现场发生的费用自理。

1.9.3 除招标人的原因外，投标人自行负责在踏勘现场中所发生的人员伤亡和财产损失。

1.9.4 招标人在踏勘现场中介绍的工程场地和相关的周边环境情况，供投标人在编制投标文件时参考，招标人不对投标人据此作出的判断和决策负责。

1.10 投标预备会

不组织

1.11 分包

不允许

1.12 偏离

不允许重大偏离

2. 招标文件

2.1 招标文件的组成

本招标文件包括：

（1）招标公告；

（2）投标人须知；

（3）评标办法；

（4）合同条款及格式；

（5）工程量清单；

（6）图纸；

（7）技术标准和要求；

（8）投标文件格式；

（9）投标人须知前附表规定的其他材料。

根据本章第 2.1 款、第 2.2 款和第 2.3 款对招标文件所作的澄清、修改，构成招标文件的组成部分。

2.2　招标文件的澄清

2.2.1　投标人应仔细阅读和检查招标文件的全部内容。如发现缺页或附件不全，应及时向招标人提出，以便补齐。如有疑问，应在投标人须知前附表规定的时间前以书面形式（包括信函、电报、传真等可以有形地表现所载内容的形式，下同），要求招标人对招标文件予以澄清。

2.2.2　招标文件的澄清将在投标人须知前附表规定的投标截止时间 7 天前以书面形式发给所有购买招标文件的投标人，但不指明澄清问题的来源。如果澄清发出的时间距投标截止时间不足 7 天，相应延长投标截止时间。

2.2.3　投标人在收到澄清后，应在投标人须知前附表规定的时间内以书面形式通知招标人，确认已收到该澄清。

2.3　招标文件的修改

2.3.1　在投标截止时间 15 天前，招标人可以书面形式修改招标文件，并通知所有已购买招标文件的投标人。如果修改招标文件的时间距投标截止时间不足 15 天，相应延长投标截止时间。

2.3.2　投标人收到修改内容后，应在投标人须知前附表规定的时间内以书面形式通知招标人，确认已收到该修改。

3. 投标文件

3.1　投标文件的组成

3.1.1　投标文件应包括下列内容：

（1）投标函及投标函附录；

（2）法定代表人身份证明或附有法定代表人身份证明的授权委托书；

（3）联合体协议书；

（4）投标保证金；

（5）已标价工程量清单；

（6）施工组织设计；

（7）项目管理机构；

（8）拟分包项目情况表；

（9）资格审查资料；

（10）投标人须知前附表规定的其他材料。

3.1.2　投标人须知前附表规定不接受联合体投标的，或投标人没有组成联合体的，投标文件不包括本章第 3.1.1（3）目所指的联合体协议书。

3.2　投标报价

3.2.1　投标人应按第五章"工程量清单"的要求填写相应表格。

3.2.2　报价方式：本工程采用工程量清单报价方式。

3.2.3　本项目工程施工，工程量清单中的工程内容及其工程量的计算是依据中华人民共和国国家标准《建设工程工程量清单计价规范》GB 50500—2013 执行，其工程量为目前图纸提供的量，不应被理解为是对承包人合同工作内容的全部定义，也不能作为承包人在履行合同规定的义务过程中应完成的实际和确切的工程量，所有工程数量在结算时须按最后实际发生发出的图纸重新度量并按有关的本工程合同单价计价，结算量应为实际施工量。

3.2.4　工程量清单计价包括分部分项工程费、措施项目费、规费、税金。工程量清单应采用综合单价计价，投标人应逐项填报。随工程量清单计价表，投标人应对本项工程提出一份详细的费用组成分析表。

3.2.5　分部分项工程量清单的综合单价，应根据中华人民共和国国家标准《建设工程工程量清单计价规范》GB 50500—2013 规定的综合单价组成，按设计文件或参照规范附录中的"工程内容"确定。

3.2.6　措施项目清单的金额，应根据拟建工程的施工方案或施工组织设计，按照中华人民共和国国家标准《建设工程工程量清单计价规范》GB 50500—2013 规定的综合单价执行。

3.2.7　无论工程量是否列明，工程量清单中的每一单项均需填写单价和合价，对投标人没有填写单价或合价的项目的费用，应视为已包含在工程量清单的其他单价和合价之中。

3.2.8　本工程全部费用除设计变更及双方签证外都在具有标价的工程量清单的各个单项中，没列出项目的费用视为已分配到有关的项目的单价和合价中。

3.2.9　投标人在投标截止时间前修改投标函中的投标总报价，应同时修改"工程量清单"中的相应报价。此修改须符合本章第 4.3 款的有关要求。

3.3　投标有效期

3.3.1　在投标人须知前附表规定的投标有效期内，投标人不得要求撤销或修改其投标文件。

3.3.2　出现特殊情况需要延长投标有效期的，招标人以书面形式通知所有投标人延长投标有效期。投标人同意延长的，应相应延长其投标保证金的有效期，但不得要求或被允许修改或撤销其投标文件；投标人拒绝延长的，其投标失效，但投标人有权收回其投标保证金。

3.4　投标保证金

3.4.1　投标人在递交投标文件的同时，应按投标人须知前附表规定的金额、担保形式和第八章"投标文件格式"规定的投标保证金格式递交投标保证金，并作为其投标文件的组成部分。

3.4.2　投标人不按本章第 3.4.1 项要求提交投标保证金的，其投标文件作废标处理。

3.4.3　招标人与中标人签订合同后 5 个工作日内，向未中标的投标人和中标人退还投标保证金。

3.4.4　有下列情形之一的，投标保证金将不予退还：

（1）投标人在规定的投标有效期内撤销或修改其投标文件；

（2）中标人在收到中标通知书后，无正当理由拒签合同协议书或未按招标文件规定提交履约担保。

3.5　资格审查资料（适用于未进行资格预审的）

3.5.1　"投标人基本情况表"应附投标人营业执照副本及其年检合格的证明材料、资质证书副本和安全生产许可证等材料的复印件。

3.5.2　"近年财务状况表"应附经会计师事务所或审计机构审计的财务会计报表，包括资产负债表、现金流量表、利润表和财务情况说明书的复印件，具体年份要求见投标人须知前附表。

3.5.3　"近年完成的类似项目情况表"应附中标通知书和合同协议书、工程接收证书（工程竣工验收证书）的复印件，具体年份要求见投标人须知前附表。每张表格只填写一个项目，并标明序号。

3.5.4　"正在施工和新承接的项目情况表"应附中标通知书和合同协议书复印件。每张表格只填写一个项目，并标明序号。

3.5.5　"近年发生的诉讼及仲裁情况"应说明相关情况，并附法院或仲裁机构作出的判决、裁决等有关法律文书复印件，具体年份要求见投标人须知前附表。

3.6　备选投标方案

投标人不得递交备选投标方案。

3.7　投标文件的编制

3.7.1　投标文件应按第八章"投标文件格式"进行编写，如有必要，可以增加附页，作为投标文件的组成部分。其中，投标函附录在满足招标文件实质性要求的基础上，可以提出比招标文件要求更有利于招标人的承诺。

3.7.2　投标文件应当对招标文件有关工期、投标有效期、质量要求、技术标准和要求、招标范围等实质性内容作出响应。

3.7.3　投标文件应用不褪色的材料书写或打印，并由投标人的法定代表人或其委托代理人签字或盖单位章。委托代理人签字的，投标文件应附法定代表人签署的授权委托书。投标文件应尽量避免涂改、行间插字或删除。如果出现上述情况，改动之处应加盖单位章或由投标人的法定代表人或其授权的代理人签字确认。签字或盖章的具体要求见投标人须知前附表。

3.7.4　投标文件正本一份，副本份数见投标人须知前附表。正本和副本的封面上应清楚地标记"正本"或"副本"的字样。当副本和正本不一致时，以正本为准。

3.7.5 投标文件的正本与副本应分别装订成册，并编制目录，具体装订要求见投标人须知前附表规定。

4. 投标

4.1 投标文件的密封和标记

4.1.1 投标文件的正本与副本应分开包装，加贴封条，并在封套的封口处加盖投标人单位章。

4.1.2 投标文件的封套上应清楚地标记"正本"或"副本"字样，封套上应写明的其他内容见投标人须知前附表。

4.1.3 未按本章第 4.1.1 项或第 4.1.2 项要求密封和加写标记的投标文件，招标人不予受理。

4.2 投标文件的递交

4.2.1 投标人应在本章第 2.2.2 项规定的投标截止时间前递交投标文件。

4.2.2 投标人递交投标文件的地点：见投标人须知前附表。

4.2.3 除投标人须知前附表另有规定外，投标人所递交的投标文件不予退还。

4.2.4 招标人收到投标文件后，向投标人出具签收凭证。

4.2.5 逾期送达的或者未送达指定地点的投标文件，招标人不予受理。

4.3 投标文件的修改与撤回

4.3.1 在本章第 2.2.2 项规定的投标截止时间前，投标人可以修改或撤回已递交的投标文件，但应以书面形式通知招标人。

4.3.2 投标人修改或撤回已递交投标文件的书面通知应按照本章第 3.7.3 项的要求签字或盖章。招标人收到书面通知后，向投标人出具签收凭证。

4.3.3 修改的内容为投标文件的组成部分。修改的投标文件应按照本章第 3 条、第 4 条规定进行编制、密封、标记和递交，并标明"修改"字样。

5. 开标

5.1 开标时间和地点

5.1.1 招标人在本章第 2.2.2 项规定的投标截止时间（开标时间）和投标人须知前附表规定的地点公开开标，并邀请所有投标人的法定代表人或其委托代理人准时参加。参加开标会议的投标人代表应签名报到，以证明其出席开标会议。

5.1.2 授权委托人参加会议的，须携带身份证原件、授权委托书原件参加开标会议。法定代表人参加会议的，须携带法定代表人身份证明原件及身份证原件。

5.2 开标程序

主持人按下列程序进行开标：

（1）宣布开标纪律；

（2）公布在投标截止时间前递交投标文件的投标人名称，并点名确认投标人是否派人到场；

（3）宣布开标人、唱标人、记录人、监标人等有关人员姓名；

（4）按照投标人须知前附表规定检查投标文件的密封情况；

（5）按照投标人须知前附表的规定确定并宣布投标文件开标顺序；

（6）设有标底的，公布标底；

（7）按照宣布的开标顺序当众开标，公布投标人名称、标段名称、投标保证金的递交情况、投标报价、质量目标、工期及其他内容，并记录在案；

（8）投标人代表、招标人代表、监标人、记录人等有关人员在开标记录上签字确认；

（9）开标结束。

5.3 无效投标

当投标文件出现下列情形之一的将视为无效，按无效投标处理，不得进入评标：

（1）未按要求加盖投标人公章及法定代表人签字或印章的；

（2）投标文件实质内容填写不全、字迹模糊辨认不清的；

（3）未按招标文件要求提交的内容进行投标的；

（4）投标人未经招标人同意，不参加开标会议的；

（5）投标截止日期以后送达或收到的投标文件；

（6）投标人递交两份或多份内容不同的投标文件，或在一份投标文件中对同一招标项目报有两个或多个报价，且未声明哪一个有效，按招标文件规定提交备选投标方案的除外；

（7）其他不符合有关法律法规规定的情形。

6. 评标

6.1 评标委员会

6.1.1 评标由招标人依法组建的评标委员会负责。评标委员会由招标人或其委托的招标代理机构熟悉相关业务的代表，以及有关技术、经济等方面的专家组成。评标委员会成员人数以及技术、经济等方面专家的确定方式见投标人须知前附表。

6.1.2 评标委员会成员有下列情形之一的，应当回避：

（1）招标人或投标人的主要负责人的近亲属；

（2）项目主管部门或者行政监督部门的人员；

（3）与投标人有经济利益关系，可能影响对投标公正评审的；

（4）曾因在招标、评标以及其他与招标投标有关活动中从事违法行为而受过行政处罚或刑事处罚的。

6.2 评标原则

评标活动遵循公平、公正、科学和择优的原则。

6.3 评标

6.3.1 评标委员会按照第三章"评标办法"规定的方法、评审因素、标准和程序对投标文件进行评审。第三章"评标办法"没有规定的方法、评审因素和标准，不作为评标依据。

6.3.2 评标过程和内容应保密。公开开标后，直到发出中标通知为止，凡属审查、澄清、评价和比较投标或批准中标结果的有关资料和有关信息，都不应向投标人或与该过程无关的其他人泄露。

6.3.3 在投标文件的审查、澄清、评价和比较以及确定或推荐中标人的过程中，投标人对招标人、招标代理机构和评标委员会及其成员施加影响的任何行为，都将导致取消投标或中标资格。

6.3.4 投标文件中的大写金额与小写金额不一致的，以大写金额为准；

6.3.5 投标文件中总价金额与给予单价计算出的结果不一致的，以单价金额为准修正总价，但单价金额小数点有明显错误的除外。

6.3.6 正本和副本不一致时以正本为准。

7. 合同授予

7.1 定标方式

招标人依据评标委员会推荐的中标候选人确定中标人，评标委员会推荐中标候选人的人数见投标人须知前附表。

7.2 中标通知

在本章第 3.3.1 款规定的投标有效期内，招标人以书面形式向中标人发出中标通知书，同时将中标结果通知未中标的投标人。

7.3 履约担保

7.3.1 在签订合同前，中标人应按投标人须知前附表规定的金额、担保形式和招标文件第四章"合同条款及格式"规定的履约担保格式向招标人提交履约担保。

7.3.2 中标人不能按本章第 7.3.1 项要求提交履约担保的，视为放弃中标，其投标保证金不予退还，给招标人造成的损失超过投标保证金数额的，中标人还应当对超过部分予以赔偿。

7.3.3 履约保证金退还时间在合同中约定。

7.4 签订合同

7.4.1 招标人和中标人应当自中标通知书发出之日起 30 天内，根据招标文件和中标人的投标文件订立书面合同。中标人无正当理由拒签合同的，招标人取消其中标资格，其投标保证金不予退还；给招标人造成的损失超过投标保证金数额的，中标人还应当对超过部分予以赔偿。

7.4.2 发出中标通知书后，招标人无正当理由拒签合同的，招标人向中标人退还投标保证金；给中标人造成损失的，还应当赔偿损失。

7.4.3 中标人在施工过程中，要改变投标书中承诺的组织结构或项目经理及相应的专业技术、管理人员，都必须征得招标人同意，否则将被视为违约。

7.4.4　中标人应严格按照合同约定履行义务，完成中标项目施工，不得将中标项目转让（转包）给他人，一经查实立即终止合同，并追究中标人的责任和承担违约责任，赔偿招标人的经济损失。

8. 重新招标和不再招标

8.1　重新招标

有下列情形之一的，招标人将重新招标：

（1）投标截止时间止，投标人少于 3 个的；

（2）经评标委员会评审后否决所有投标的。

8.2　不再招标

重新招标后投标人仍少于 3 个或者所有投标被否决的，属于必须审批或核准的工程建设项目，经原审批或核准部门批准后不再进行招标。

9. 纪律和监督

9.1　对招标人的纪律要求

招标人不得泄漏招标投标活动中应当保密的情况和资料，不得与投标人串通损害国家利益、社会公共利益或者他人合法权益。

9.2　对投标人的纪律要求

投标人不得相互串通投标或者与招标人串通投标，不得向招标人或者评标委员会成员行贿谋取中标，不得以他人名义投标或者以其他方式弄虚作假骗取中标；投标人不得以任何方式干扰、影响评标工作。

9.3　对评标委员会成员的纪律要求

评标委员会成员不得收受他人的财物或者其他好处，不得向他人透露对投标文件的评审和比较、中标候选人的推荐情况以及评标有关的其他情况。在评标活动中，评标委员会成员不得擅离职守，影响评标程序正常进行，不得使用评标办法没有规定的评审因素和标准进行评标。

9.4　对与评标活动有关的工作人员的纪律要求

与评标活动有关的工作人员不得收受他人的财物或者其他好处，不得向他人透露对投标文件的评审和比较、中标候选人的推荐情况以及评标有关的其他情况。在评标活动中，与评标活动有关的工作人员不得擅离职守，影响评标程序正常进行。

9.5　投诉

投标人和其他利害关系人认为本次招标活动违反法律、法规和规章规定的，有权向有关行政监督部门投诉。

10. 需要补充的其他内容

需要补充的其他内容见投标人须知前附表。

实训任务 2.3 评标办法

2.3.1 评标办法简介

建设工程评标的方法很多，我国目前常用的评标方法主要有综合评估法和经评审的最低投标价法。

1. 综合评估法

综合评估法是对投标价格、技术方案、项目人员的资历和业绩、预期的质量及工期、企业的信誉和业绩等因素进行综合评价从而确定中标人的评标定标方法。它是适用最广泛的评标定标方法。

综合评分相等时，以投标报价低的优先；投标报价也相等的，由招标人自行确定。

综合评估法按其具体分析方式的不同，可分为定性综合评估法和定量综合评估法。

（1）定性综合评估法

1）定性综合评估法又称评估法。分项进行定性比较分析、全面评审，综合评估后选出其中被大多数评标组织成员认为各项条件都比较优良的投标人为中标人，也可采取举手表决或无记名投票方式决定中标人。

2）优点：不量化各项评审指标，简单易行，能在广泛深入地开展讨论分析的基础上集中各方面观点，有利于评标委员会成员之间的直接对话和深入交流，集中体现各方意见，能使综合实力强、方案先进的投标单位处于优势地位。

3）缺点：评估标准弹性较大，衡量尺度不具体，透明度不高，受评标专家人为因素影响较大，可能会出现评标意见相差悬殊，使定标决策左右为难。

（2）定量综合评估法

1）定量综合评估法又称打分法、百分制计分评价法。事先在招标文件或评标办法中对评标的内容进行分类，形成若干评价因素，并确定各项评价因素所占百分比和评分标准，开标后由评标委员会中的每位成员按照评分规则，独立打分，逐项进行分析记分、加权汇总，计算出各投标单位的综合评分，然后按照综合评分由高到低的顺序确定中标候选人或直接选定得分最高者为中标人。

2）优点：量化所有评标指标，由评标委员会专家分别打分，减少了评标过程中的相互干扰，增强了评标的科学性和公正性。定量综合评估法是目前我国各地广泛采用的评标方法。

2. 经评审的最低投标价法

（1）经评审的最低投标价法定义

经评审的最低投标价法是在各投标人满足招标文件实质性要求的前提下，把涉及投标人各种技术、商务和服务内容的指标要求都按照招标文件统一的标准折算成价格进行比较，按照经评审的投标价由低到高的顺序推荐中标候选人，或根据招标人授权直接确定中标人，但投标报价低于企业成本报价的除外。

经评审的投标价相等时，以投标报价低的优先；投标报价也相等的，由招标人自行确定。

（2）适用情况

一般适用于具有通用技术、性能标准或者招标人对其技术、性能没有特殊要求的招标项目。

（3）评标程序

1）初步评审

①评审要求。评标委员会可以要求投标人提交《标准施工招标文件》（2017 年版）第二章"投标人须知"规定的有关证明和证件的原件，以便核验。评标委员会根据招标文件中评标办法规定的标准对投标人的投标文件进行初步评审。有一项不符合评审标准的，投标无效。最低投标价法初步评审内容和标准可参考《标准施工招标文件》（2017 年版）。

②无效投标处理情形。投标人有以下情形之一的，其投标作无效投标处理：

A. "投标人须知"第 1.4.3 项规定的任何一种情形的；

B. 串通投标或弄虚作假或有其他违法行为的；

C. 不按评标委员会要求澄清、说明或补正的。

③修正要求。投标报价有算术错误的，评标委员会按以下原则对投标报价进行修正，修正的价格经投标人书面确认后具有约束力。投标人不接受修正价格的，其投标作投标无效处理。

A. 投标文件中的大写金额与小写金额不一致的，以大写金额为准；

B. 总价金额与依据单价计算出的结果不一致的，以单价金额为准修正总价，但单价金额小数点有明显错误的除外。

2）详细评审

①评标委员会按招标文件规定的量化因素和标准进行价格折算，计算出评标价，并编制价格比较一览表。

②评标委员会发现投标人的报价明显低于其他投标报价，或者在设有标底时明显低于标底，使得其投标报价可能低于其成本的，应当要求该投标人作出书面说明并提供相应的证明材料。投标人不能合理说明或者不能提供相应证明材料的，由评标委员会认定该投标人以低于成本报价竞标，其投标作无效投标处理。

3）投标文件的澄清和补正

①在评标过程中，评标委员会可以书面形式要求投标人对所提交的投标文件中不明确的内容进行书面澄清或说明，或者对细微偏差进行补正。评标委员会不接受投标人主

动提出的澄清、说明或补正。

②澄清、说明和补正不得改变投标文件的实质性内容（算术性错误修正的除外）。投标人的书面澄清、说明和补正属于投标文件的组成部分。

③评标委员会对投标人提交的澄清、说明或补正有疑问的，可以要求投标人进一步澄清、说明或补正，直至满足评标委员会的要求。

4）评标结果

①除《标准施工招标文件》（2017年版）第二章"投标人须知前附表"授权直接确定中标人外，评标委员会按照经评审的价格由低到高的顺序推荐中标候选人。

②评标委员会完成评标后，应当向招标人提交书面评标报告。

2.3.2　评标原则

《评标委员会和评标方法暂行规定》中指出评标活动应当遵循公平、公正、科学、择优的原则。

1. 公平性原则

（1）评标委员会组成对招标人和投标人双方均是公平的。招标人委派代表参与评标时，其数量应当符合法律法规的规定，且符合熟悉相关业务的能力要求；所有投标人都必须严格按照招标文件的规定，不响应招标文件实质性要求的投标文件均按无效投标处理。

（2）所规定的评标标准和方法对投标人都是公平的，评标标准和条件应当客观，不得有利于或者排斥特定的潜在投标人。

（3）评标委员会必须按照招标文件规定的标准和方法进行评标，招标人及其评标委员会在开标后也不得修改已经在招标文件中公开了的评标标准和条件，包括对备选标的评标标准和条件。

（4）所规定的评标程序对投标人是公平的，评标委员会成员须首先进行投标文件的符合性评审，以判定是否合格，再对技术标进行评审，以判定是否符合招标文件要求，然后进行商务标评审，以判定投标报价是否合理，最后给出评审结论。

（5）对招标文件和投标文件的理解需达成一致，公平地保证招、投标活动当事人的合法权益。

2. 公正性原则

（1）依法必须进行招标的施工项目，评标标准和条件的设立应当符合有关现行法律法规的规定，切合招标项目的特点，贯彻科学合理和择优选择的原则。

（2）评标应当严格按照评标办法规定的标准、条件、方法进行，应当体现公正实施原则。关于投标报价低于成本价的判定必须由评标委员会全体成员共同作出，并需经过评标委员会和投标人之间的质疑及澄清、说明和补正等必要程序，从而获得充分依据，由评标委员会给出书面意见。

（3）评标标准和条件应当尽可能地限制评标委员会成员主观上的判定。任何评审项目的评分值不应当以范围性分值规定方式或额外加分的方式设定。

3. 科学性原则

（1）首先要求评标标准、条件和方法的设立或选择，应当符合有关现行法律法规的规定。例如，将投标人获得的各类地方奖项作为评审条件很容易涉嫌搞地方保护。

（2）评标标准、条件和方法的设立或选择，还应当不违背招投标竞争机制的主旨。为防止投标人之间恶意串通抬高标价，可以在评标办法中公开设立"最高限价"。

（3）评标方法的选择以及标准和条件的设立要有足够的针对性，切忌照搬套用一般适用的评标办法。例如，对一般的住宅工程，不宜过分强调对施工方案的评审。

（4）所有标准和条件必须是具体和可操作的。例如，对各个管理体系及措施设定标准时，可以设定各个体系及对应的分值范围作为评审的标准，这样可以避免评标委员会成员对评审标准产生理解差异影响分值评定的科学合理性。

（5）评标程序应当符合正常的逻辑顺序。例如，先初步评审再详细评审，允许备选投标方案的，应当只对排名第一的中标候选人的备选投标方案进行评审。

4. 择优原则

（1）评标标准和条件的设立要体现"优者优先"的原则。评审中最符合评标办法规定的标准和条件的，应当获得该项目的最高分。

（2）评标委员会推荐中标候选人要根据最终评审结论的排名次序。确定中标人要依照评标委员会推荐的中标候选人排序，排序靠前者优先。

第四章　评标办法（经评审的最低投标价法）

评标办法前附表见表 2-3-1。

评标办法前附表　　　　　　　　　　　　　表 2-3-1

条款号		评审因素	评审标准
2.1.1	形式评审标准	投标人名称	与营业执照、资质证书、安全生产许可证一致
		投标函签字盖章	有法定代表人或其委托代理人签字或加盖单位章
		投标文件格式	符合第八章"投标文件格式"的要求
		联合体投标人	提交联合体协议书，并明确联合体牵头人（如有）
		报价唯一	只能有一个有效报价
		……	……

续表

条款号		评审因素	评审标准
2.1.2	资格评审标准	营业执照	具备有效的营业执照
		安全生产许可证	具备有效的安全生产许可证
		资质等级	符合第二章"投标人须知"第1.4.1项规定
		财务状况	符合第二章"投标人须知"第1.4.1项规定
		类似项目业绩	符合第二章"投标人须知"第1.4.1项规定
		信誉	符合第二章"投标人须知"第1.4.1项规定
		项目经理	符合第二章"投标人须知"第1.4.1项规定
		其他要求	符合第二章"投标人须知"第1.4.1项规定
		联合体投标人	符合第二章"投标人须知"第1.4.2项规定（如有）
		……	……
2.1.3	响应性评审标准	投标内容	符合第二章"投标人须知"第1.3.1项规定
		工期	符合第二章"投标人须知"第1.3.2项规定
		工程质量	符合第二章"投标人须知"第1.3.3项规定
		投标有效期	符合第二章"投标人须知"第3.3.1项规定
		投标保证金	符合第二章"投标人须知"第3.4.1项规定
		权利义务	符合第四章"合同条款及格式"规定
		已标价工程量清单	符合第五章"工程量清单"给出的范围及数量
		技术标准和要求	符合第七章"技术标准和要求"规定
		……	……
2.1.4	施工组织设计和项目管理机构评审标准	施工方案与技术措施	……
		质量管理体系与措施	……
		安全管理体系与措施	……
		环境保护管理体系与措施	……
		工程进度计划与措施	……
		资源配备计划	……
		技术负责人	……
		其他主要人员	……
		施工设备	……
		试验、检测仪器设备	……
		……	……
条款号		量化因素	量化标准
2.2	详细评审标准	单价遗漏	……
		付款条件	……
		……	……

1. 评标方法

本次评标采用经评审的最低投标价法。评标委员会对满足招标文件实质要求的投标文件，根据本章第 2.2 款规定的量化因素及量化标准进行价格折算，按照经评审的投标价由低到高的顺序推荐中标候选人，或根据招标人授权直接确定中标人，但投标报价低于其成本的除外。经评审的投标价相等时，投标报价低的优先；投标报价也相等的，由招标人自行确定。

2. 评审标准

2.1　初步评审标准

2.1.1　形式评审标准：见评标办法前附表。

2.1.2　资格评审标准：见评标办法前附表（适用于未进行资格预审的）。

2.1.3　资格评审标准：见资格预审文件第三章"资格审查办法"详细审查标准（适用于已进行资格预审的）。

2.1.4　响应性评审标准：见评标办法前附表。

2.1.5　施工组织设计和项目管理机构评审标准：见评标办法前附表。

2.2　详细评审标准

详细评审标准见评标办法前附表。

3. 评标程序

3.1　初步评审

3.1.1　评标委员会可以要求投标人提交第二章"投标人须知"第 3.5.1 项至第 3.5.5 项规定的有关证明和证件的原件，以便核验。评标委员会依据本章第 2.1 款规定的标准对投标文件进行初步评审。有一项不符合评审标准的，作无效投标处理（适用于未进行资格预审的）。评标委员会依据本章第 2.1.1 项、第 2.1.3 项、第 2.1.4 项规定的标准对投标文件进行初步评审。有一项不符合评审标准的，作无效投标处理。当投标人资格预审申请文件的内容发生重大变化时，评标委员会依据本章第 2.1.2 项规定的标准对其更新资料进行评审（适用于已进行资格预审的）。

3.1.2　投标人有以下情形之一的，其投标作无效投标处理：

（1）第二章"投标人须知"第 1.4.3 项规定的任何一种情形的。

（2）串通投标或弄虚作假或有其他违法行为的。

（3）不按评标委员会要求澄清、说明或补正的。

3.1.3　投标报价有算术错误的，评标委员会按以下原则对投标报价进行修正，修正的价格经投标人书面确认后具有约束力。投标人不接受修正价格的，其投标作无效投标处理。

（1）投标文件中的大写金额与小写金额不一致的，以大写金额为准。

（2）总价金额与依据单价计算出的结果不一致的，以单价金额为准修正总价，但单价金额小数点有明显错误的除外。

3.2 详细评审

3.2.1 评标委员会按本章第 2.2 款规定的量化因素和标准进行价格折算，计算出评标价，并编制价格比较一览表。

3.2.2 评标委员会发现投标人的报价明显低于其他投标报价，或者在设有标底时明显低于标底，使得其投标报价可能低于其成本的，应当要求该投标人作出书面说明并提供相应的证明材料。投标人不能合理说明或者不能提供相应证明材料的，由评标委员会认定该投标人以低于成本报价竞标，其投标作无效投标处理。

3.3 投标文件的澄清和补正

3.3.1 在评标过程中，评标委员会可以书面形式要求投标人对所提交的投标文件中不明确的内容进行书面澄清或说明，或者对细微偏差进行补正。评标委员会不接受投标人主动提出的澄清、说明或补正。

3.3.2 澄清、说明和补正不得改变投标文件的实质性内容（算术性错误修正的除外）。投标人的书面澄清、说明和补正属于投标文件的组成部分。

3.3.3 评标委员会对投标人提交的澄清、说明或补正有疑问的，可以要求投标人进一步澄清、说明或补正，直至满足评标委员会的要求。

3.4 评标结果

3.4.1 除《标准施工招标文件》（2017 年版）第二章"投标人须知前附表"授权直接确定中标人外，评标委员会按照经评审的价格由低到高的顺序推荐中标候选人。

3.4.2 评标委员会完成评标后，应当向招标人提交书面评标报告。

第四章 评标办法（综合评估法）

评标办法前附表见表 2-3-2。

评标办法前附表   表 2-3-2

条款号		评审因素	评审标准
2.1.1	形式评审标准	投标人名称	与营业执照、资质证书、安全生产许可证一致
		投标函签字盖章	由法定代表人或其委托代理人签字或加盖单位章
		投标文件格式	符合第八章"投标文件格式"的要求
		联合体投标人	提交联合体协议书，并明确联合体牵头人
		报价唯一	只能有一个有效报价
		……	……

条款号	评审因素		评审标准
2.1.2	资格评审标准	营业执照	具备有效的营业执照
		安全生产许可证	具备有效的安全生产许可证
		资质等级	符合第二章"投标人须知"第1.4.1项规定
		财务状况	符合第二章"投标人须知"第1.4.1项规定
		类似项目业绩	符合第二章"投标人须知"第1.4.1项规定
		信誉	符合第二章"投标人须知"第1.4.1项规定
		项目经理	符合第二章"投标人须知"第1.4.1项规定
		其他要求	符合第二章"投标人须知"第1.4.1项规定
		联合体投标人	符合第二章"投标人须知"第1.4.2项规定
		……	……
2.1.3	响应性评审标准	投标内容	符合第二章"投标人须知"第1.3.1项规定
		工期	符合第二章"投标人须知"第1.3.2项规定
		工程质量	符合第二章"投标人须知"第1.3.3项规定
		投标有效期	符合第二章"投标人须知"第3.3.1项规定
		投标保证金	符合第二章"投标人须知"第3.4.1项规定
		权利义务	符合第四章"合同条款及格式"规定
		已标价工程量清单	符合第五章"工程量清单"给出的范围及数量
		技术标准和要求	符合第七章"技术标准和要求"规定
		……	……
2.2.1	分值构成（总分100分）		施工组织设计： ___分 项目管理机构：___分 投标报价：___分 其他因素：___分
2.2.2	评标基准价计算方法		
2.2.3	投标报价的偏差率计算公式		偏差率＝（投标人报价－评标基准价）/评标基准价×100%

条款号	评分因素		评分标准
2.2.4（1）	施工组织设计评分标准	内容完整性和编制水平	……
		施工方案与技术措施	……
		质量管理体系与措施	……
		安全管理体系与措施	……
		环境保护管理体系与措施	……
		工程进度计划与措施	……
		资源配备计划	……
		……	……

条款号	评分因素	评分标准
2.2.4（2）	项目管理机构 评分标准	项目经理任职资格与业绩 ……
		技术负责人任职资格与业绩 ……
		其他主要人员 ……
		……
2.2.4（3）	投标报价评分 标准	
2.2.4（4）	其他因素 评分标准	

1. 评标方法

本次评标采用综合评估法。评标委员会对满足招标文件实质性要求的投标文件，按照本章第 2.2 款规定的评分标准进行打分，并按得分由高到低顺序推荐中标候选人，或根据招标人授权直接确定中标人，但投标报价低于其成本的除外。综合评分相等时，以投标报价低的优先；投标报价也相等的，由招标人自行确定。

2. 评审标准

2.1 初步评审标准

2.1.1 形式评审标准：见评标办法前附表。

2.1.2 资格评审标准：见评标办法前附表（适用于未进行资格预审的）。

2.1.3 资格评审标准：见资格预审文件第三章"资格审查办法"详细审查标准（适用于已进行资格预审的）。

2.1.4 响应性评审标准：见评标办法前附表。

2.2 分值构成与评分标准

2.2.1 分值构成

（1）施工组织设计：见评标办法前附表。

（2）项目管理机构：见评标办法前附表。

（3）投标报价：见评标办法前附表。

（4）其他评分因素：见评标办法前附表。

2.2.2 评标基准价计算

评标基准价计算方法：见评标办法前附表。

2.2.3 投标报价的偏差率计算

投标报价的偏差率计算公式：见评标办法前附表。

2.2.4 评分标准

（1）施工组织设计评分标准：见评标办法前附表。

（2）项目管理机构评分标准：见评标办法前附表。

（3）投标报价评分标准：见评标办法前附表。

（4）其他因素评分标准：见评标办法前附表。

3. 评标程序

3.1　初步评审

3.1.1　评标委员会可以要求投标人提交《标准施工招标文件》第二章"投标人须知"第3.5.1项至第3.5.5项规定的有关证明和证件的原件，以便核验。评标委员会依据本章第2.1款规定的标准对投标文件进行初步评审。有一项不符合评审标准的，作无效投标处理（适用于未进行资格预审的）。评标委员会依据本章第2.1.1项、第2.1.3项规定的评审标准对投标文件进行初步评审。有一项不符合评审标准的，作无效投标处理。当投标人资格预审申请文件的内容发生重大变化时，评标委员会依据本章第2.1.2项规定的标准对其更新资料进行评审（适用于已进行资格预审的）。

3.1.2　投标人有以下情形之一的，其投标作无效投标处理：

（1）第二章"投标人须知"第1.4.3项规定的任何一种情形的。

（2）串通投标或弄虚作假或有其他违法行为的。

（3）不按评标委员会要求澄清、说明或补正的。

3.1.3　投标报价有算术错误的，评标委员会按以下原则对投标报价进行修正，修正的价格经投标人书面确认后具有约束力。投标人不接受修正价格的，其投标作无效投标处理。

（1）投标文件中的大写金额与小写金额不一致的，以大写金额为准。

（2）总价金额与依据单价计算出的结果不一致的，以单价金额为准修正总价，但单价金额小数点有明显错误的除外。

3.2　详细评审

3.2.1　评标委员会按本章第2.2款规定的量化因素和分值进行打分，并计算出综合评估得分。

（1）按本章第2.2.4（1）项规定的评审因素和分值对施工组织设计计算出得分 A。

（2）按本章第2.2.4（2）项规定的评审因素和分值对项目管理机构计算出得分 B。

（3）按本章第2.2.4（3）项规定的评审因素和分值对投标报价计算出得分 C。

（4）按本章第2.2.4（4）项规定的评审因素和分值对其他部分计算出得分 D。

3.2.2　评分分值计算保留小数点后两位，小数点后第三位"四舍五入"。

3.2.3　投标人得分 =A+B+C+D。

3.2.4　评标委员会发现投标人的报价明显低于其他投标报价，或者在设有标底时明显低于标底，使得其投标报价可能低于其个别成本的，应当要求该投标人作出书面说明并提供相应的证明材料。投标人不能合理说明或者不能提供相应证明材料的，由评标委员会认定该投标人以低于成本报价竞标，其投标作无效投标处理。

3.3 投标文件的澄清和补正

3.3.1 在评标过程中，评标委员会可以书面形式要求投标人对所提交投标文件中不明确的内容进行书面澄清或说明，或者对细微偏差进行补正。评标委员会不接受投标人主动提出的澄清、说明或补正。

3.3.2 澄清、说明和补正不得改变投标文件的实质性内容（算术性错误修正的除外）。投标人的书面澄清、说明和补正属于投标文件的组成部分。

3.3.3 评标委员会对投标人提交的澄清、说明或补正有疑问的，可以要求投标人进一步澄清、说明或补正，直至满足评标委员会的要求。

3.4 评标结果

3.4.1 除《标准施工招标文件》第二章"投标人须知前附表"授权直接确定中标人外，评标委员会按照得分从高到低的顺序推荐中标候选人。

3.4.2 评标委员会完成评标后，应当向招标人提交书面评标报告。

2.3.3 评标办法（综合评估法）编写实训任务单

1. 实训目的

本实训项目旨在通过老师合理引导学生熟悉评标办法（综合评估法）相关知识，完成评标办法（综合评估法）编制的准备工作，培养学生编写评标办法（综合评估法）的能力，以及团队合作、沟通及资料整理能力等。

2. 建议实训方式

选取 3~5 个典型工程项目，选用的建设工程项目类型建议多样化（住宅、写字楼、实验楼、医院等），应以真实的实训项目为背景，分组完成实训内容。本次实训要与实训任务 2.2 投标人须知前后呼应紧密联系。继续根据所给案例背景中相关要求，以小组为单位，参照评标办法（综合评估法）格式要求，结合所学理论知识，完成任务单中相关内容的编制任务。

3. 建议实训内容

编写评标办法（综合评估法）。具体实训内容根据项目背景的不同及学生的情况可以进行设定，即可以根据工程的实际需求和技术特点参考设定分值权重（各省、自治区、直辖市有相关评标办法格式要求的，实训时可参照）。

4. 提交实训成果

提供给学生评标办法（综合评估法）格式，完成评标办法（综合评估法）的编写工作。

实训成果：评标办法（综合评估法）。

5. 实训进度要求

建议 2~4 课时。

2.3.4　评标办法（综合评估法）实例

1. 案例背景

×××住宅小区 1 号商业楼、1 号住宅楼施工招标（招标文件编号：JZ-2023-001）已经在×××市×××区住房和城乡建设局备案。该工程 1 号商业楼建筑面积 7200m²，1 号住宅楼建筑面积 12000m²，工程总建筑面积 19200m²。位于×××市×××区×××路东侧，工程计划投资 8640 万元，工程所需资金来源中国有投资 0.00%、非国有投资 100.00%；工期要求：375 日历天；投标人资质等级要求：具有建设行政主管部门颁发的建筑工程施工总承包二级及以上资质，拟派建造师必须为本企业注册的具有建筑工程专业一级建造师，并且具有安全生产考核合格证。工程质量要求达到国家工程质量验评合格标准。项目已具备招标条件，现对该项目进行公开招标。

2. 评标办法（综合评估法）编制

第四章　评标办法（综合评估法）

评标办法前附表见表 2-3-3。

评标办法前附表　　　　　　　　　　　　　　　　　　表 2-3-3

条款号	评审因素	评审标准
2.1.1	形式评审标准	
	投标人名称	与营业执照、资质证书、安全生产许可证一致
	投标函签字盖章	有法定代表人或其委托代理人签字或加盖单位章
	投标文件格式	符合第八章"投标文件格式"的要求
	联合体投标人	提交联合体协议书，并明确联合体牵头人
	报价唯一	只能有一个有效报价
2.1.2	资格评审标准	
	营业执照	具备有效的营业执照
	安全生产许可证	具备有效的安全生产许可证
	资质等级	符合第二章"投标人须知"第 1.4.1 项规定
	财务状况	符合第二章"投标人须知"第 1.4.1 项规定
	类似项目业绩	符合第二章"投标人须知"第 1.4.1 项规定
	信誉	符合第二章"投标人须知"第 1.4.1 项规定
	项目经理	符合第二章"投标人须知"第 1.4.1 项规定
	其他要求	符合第二章"投标人须知"第 1.4.1 项规定
	联合体投标人	符合第二章"投标人须知"第 1.4.2 项规定
	……	……

条款号	评审因素	评审标准
2.1.3	响应性评审标准	投标内容 符合第二章"投标人须知"第1.3.1项规定
		工期 符合第二章"投标人须知"第1.3.2项规定
		工程质量 符合第二章"投标人须知"第1.3.3项规定
		投标有效期 符合第二章"投标人须知"第3.3.1项规定
		投标保证金 符合第二章"投标人须知"第3.4.1项规定
		权利义务 符合第四章"合同条款及格式"规定
		已标价工程量清单 符合第五章"工程量清单"给出的范围及数量
		技术标准和要求 符合第七章"技术标准和要求"规定
		…… ……
2.2.1	分值构成（总分100分）	施工组织设计： 35 分 项目管理机构： 7 分 投 标 报 价： 50 分 其他评分因素： 8 分
2.2.2	评标基准价计算方法	评标基准价采用计算方法：当 n（投标人个数，下同）< 5 时，所有投标人的有效投标报价的算术平均值为评标基准价。 当 $5 \leqslant n < 9$ 时，所有投标人的有效投标报价去掉1个最高、1个最低后的算术平均值为评标基准价。 当 $9 \leqslant n < 13$ 时，所有投标人的有效投标报价去掉1个最高、2个最低后的算术平均值为评标基准价。 当 $13 \leqslant n < 17$ 时，所有投标人的有效投标报价去掉2个最高、3个最低后的算术平均值为评标基准价。 当 $17 \leqslant n < 21$ 时，所有投标人的有效投标报价去掉3个最高、4个最低后的算术平均值为评标基准价（以此类推）
2.2.3	投标报价的偏差率计算公式	偏差率 =（投标人报价 - 评标基准价）/ 评标基准价 × 100%

条款号	评分因素	评分标准
2.2.4（1）	施工组织设计评分标准（35分）	内容完整性和编制水平（5分） 编制内容详尽、全面、合理，最高得5分
		施工方案与技术措施（5分） 针对本项目提出主要施工技术方案及采取的措施科学合理，最高得5分
		质量管理体系与措施（5分） 有完善的质量管理体系，质量保证措施全面细致、周密合理，最高得5分
		安全管理体系与措施（5分） 有安全管理体系、安全施工措施具体有效，最多得5分
		环境保护管理体系与措施（3分） 有环境保护和消防保证措施，降低环境污染措施具体的，最多得3分
		工程进度计划与措施（5分） 施工进度计划安排合理有序，最多得5分
		资源配备计划（5分） 劳动力配置合理，最多得2分；主要施工机械配置合理、满足工程技术要求，最多得3分
		施工现场平面布置图（2分） 现场平面布置合理，最多得2分

续表

条款号		评分因素	评分标准
2.2.4（2）	项目管理机构评分标准（7分）	项目经理任职资格与业绩（3分）	拟派项目经理同时具有人事主管部门颁发的建筑类中级及以上职称证书得1分；项目经理近三年承担过类似项目业绩有一项得1分，最高得2分 注：投标人须同时提供拟派项目经理的劳动合同、职称证书、近6个月社保证明，否则该项不得分
		技术负责人任职资格与业绩（2分）	拟派项目的技术负责人应具有人事主管部门颁发的建筑类中级及以上职称证书得1分；技术负责人近三年承担过类似项目业绩有一项0.5分，最高得1分 注：投标人须同时提供拟派项目技术负责人的劳动合同、职称证书、近6个月社保证明，否则该项不得分
		其他主要人员（2分）	项目部班子配置合理，最高得2分
2.2.4（3）	投标报价评分标准（50分）	偏差率	投标报价与评标基准价相同时得满分，每向上浮动1%扣1分，最多扣5分；每向下浮动1%扣0.5分，最多扣5分
2.2.4（4）	其他因素评分标准（8分）	企业审计财务盈利（1.5分）	2020年、2021年、2022年企业财务经审计部门审计盈利的，每盈利一年加0.5分，最多得1.5分
		认证体系证书（1.5分）	投标企业提供有效期内的ISO 9001质量管理体系认证证书、环境管理体系认证证书；GB/T 45001职业健康安全管理体系认证证书，每项0.5分，最高得1.5分
		近三年企业类似工程项目业绩（5分）	近三年投标企业完成类似工程项目，每项得1分，最高得5分 注：1. 近三年是指从2020年05月10日至2023年5月9日，即从招标文件发售之日起前三年，以合同签订日期为准； 2. 投标人须提供类似工程项目的施工合同或中标通知书原件

实训项目 3
建设工程投标文件编制实训

 实训目的

投标文件的编制是建设工程投标工作中的核心内容。本部分实训要求学生结合前导课程、实训项目 2 及本部分内容中提供的相关知识，完成建设工程投标文件的编制，能胜任建设工程投标相关工作岗位。

 知识目标

1. 投标文件的组成。
2. 已标价的工程量清单的编制方法。
3. 施工组织设计的编制方法。

 技能目标

1. 能够按照格式要求编制投标函、投标函附录和资信标。
2. 能参照给出的部分已标价工程量清单，填写完成完整的已标价工程量清单，并确定投标报价。
3. 能编制施工组织设计和项目管理机构。

 素养目标

1. 在编制投标文件过程中，严守法律规定、遵守职业道德，并树立严谨的工作态度。
2. 在配合完成相关工作时，注重良好沟通和团队协作。

素养提升拓展案例

实训任务 3.1　投标函、投标函附录和资信标

3.1.1　投标文件编制要求

1. 投标文件的组成

投标文件的组成及内容格式一般应按照招标文件规定的"投标文件格式"编制，意味着投标文件的内容和格式不是固定的，在编制投标文件时应严格按照招标文件规定，不要任意修改、删减、增加。

投标文件一般由投标函及投标函附录、资信标（包括但不限于法定代表人身份证明、授权委托书、联合体协议书、投标保证金、申请人基本情况、近年财务状况、近年完成的类似项目情况、正在施工的和新承接的项目情况、近年发生的诉讼和仲裁情况、其他信誉资料）、技术标（包括项目管理机构、施工组织设计）、商务标（已标价的工程量清单）等。

2. 投标文件的格式

（1）格式不变、内容全面。投标文件中各部分的格式应按照招标文件规定的"投标文件格式"编制，因现在获取的多是电子招标文件，直接按照给出格式填写相应内容即可。如没有相关内容，也需要将相应的标题复制下来，在下面写"无"，或复制招标文件给定的标题和内容，可不填写相应空格，而不要直接删除此部分。

（2）密封、签章要严谨。应严格按照招标文件格式要求进行密封、签字、盖章，如有遗漏或错误，会导致投标被否决。因现在多数采用电子招投标，因此没有密封的相关规定，但是需要注意投标文件上传和解密的相关要求，如上传的平台、时间及解密的时间等。

3. 投标文件的响应

（1）实质性条款要响应。对于招标文件中的实质性条款必须一一响应，如工期、质量标准、投标有效期、投标保证金（如果有）、报价（要低于最高投标限价）等。

废标及串通
投标的认定

（2）资格审查材料要全面详实。对于采用资格后审的工程，资格审查材料应严格按照招标文件中规定的材料种类和要求提供。例如，在"投标人基本情况表"应附投标人营业执照副本、资质证书副本和安全生产许可证等材料的复印件；如"近年财务状况表"应附经会计师事务所或审计机构审计的财务会计报表，包括资产负债表、现金流量表、利润表和财务情况说明书的复印件等，以及在哪些内容上要签字盖章，均应按招标文件要求编制。

3.1.2 投标函、投标函附录及资信标实训任务单

1. 实训目的

在了解投标文件编制的基本要求的基础上，能够编制投标函及投标函附录、资信标。

2. 建议实训方式

以一个真实的建设工程招标项目为背景，以该项目的招标文件为基础资料，给出 3~5 家企业资料，或自己收集编纂企业资料，分组模拟 3~5 个投标企业。

3. 建议实训内容

编制投标函及投标函附录、法定代表人身份证明、授权委托书、投标保证金、申请人基本情况、近年财务状况、近年完成的类似项目情况、近年发生的诉讼和仲裁情况。具体实训内容范围可根据项目资料、学生情况进行调整，如可增加联合体协议、删减投标保证金等（各省、自治区、直辖市有相关投标文件格式要求的，实训时可参照）。

4. 提交实训成果

按招标文件给出的格式及编制要求，完成以下实训成果：

（1）投标函；

（2）投标函附录；

（3）法定代表人身份证明；

（4）授权委托书；

（5）投标保证金；

（6）申请人基本情况表；

（7）近年财务情况；

（8）近年发生的诉讼和仲裁情况；

（9）其他信誉资料；

（10）近年完成的类似项目情况。

5. 实训进度要求

建议 4 课时（课内学时）。

招标文件

3.1.3 投标函及投标函附录、资信标编制实例

一、投标函

××市××管理局：

1. 按照已收到的招标编号为 2023-RYKFQCF-G1003 的招标项目投标文件要求，经我单位认真研究投标人须知、合同和其他有关要求后，我方愿按上述内容进行投标。我方完全接受本次招标的所有要求，并承诺在中标后履行我方的全部义务。我方的最后报价，保证不以任何理由增加报价。如有缺项、漏项部分均由我方无条件负责补齐。

2. 本项目自投标之日起 90 天内有效。我方同意所递交的投标文件在此期间内我方的投标如能中标，我方将受此约束。

3. 我方郑重声明：所提供的投标文件内容真实。

4. 除非另外达成协议并生效，否则，中标通知书和本投标文件将构成约束双方合同的组成部分。

投标人：××××工程股份有限公司（盖章）

单位地址：××市××街××号

法定代表人或委托代理人：×××（签字）

邮政编码：××××××

电　　话：0471-×××××××

传　　真：0471-×××××××

开户银行名称：中国农业银行××支行

银行账号：05×××××××××

开户行地址：××市新城区××路××号

日　　期：2023 年 09 月 10 日

二、投标函附录

项目名称：××开发区××库房新建工程项目

招标编号：2023-RYKFQCF-G1003

投标报价	小写：1754703.22 元 大写：壹佰柒拾伍万肆仟柒佰零叁元贰角贰分		
工期	工程质量	备注
工期自合同签订日期 起 60 天（日历天或自然日）	符合国家现行质量验收标准合格	

说明：

1. 此表需装订在投标文件的正本、副本中，正副本价格如有出入，以正本价格为准。

2. 优惠承诺属于投标内容，不作为投标打分的依据。如中标，优惠承诺将列入合同条款。

3. 投标人报价保留两位小数。

投标人名称：××××工程股份有限公司（公章）

法定代表人或委托代理人：×××（签字）

日　　期：2023 年 09 月 10 日

三、法定代表人（单位负责人）身份证明

投标人名称：××××工程股份有限公司

姓名：××× 性别：男 年龄：××岁 职务：董事长

系××××工程股份有限公司（投标人名称）的法定代表人（单位负责人）。

特此证明。

附：法定代表人（单位负责人）身份证复印件正反面。

注：本身份证明需由投标人加盖单位公章。

法定代表人身份证复印件（正、反面）

投标人：××××工程股份有限公司（公章）

日　期：2023年09月10日

四、授权委托书

本人×××（姓名）系××××工程股份有限公司（投标人名称）的法定代表人（单位负责人），现委托×××（姓名）为我方代理人。代理人根据授权，以我方名义签署、澄清确认、递交、撤回、修改××开发区××库房新建工程项目投标文件、签订合同和处理有关事宜，其法律后果由我方承担。

委托期限：自工程开标之日起至工程竣工之日止。

代理人无转委托权。

附：法定代表人（单位负责人）身份证复印件正反面及委托代理人身份证复印件正反面

注：本授权委托书需由投标人加盖单位公章并由其法定代表人（单位负责人）和委托代理人签字。

法定代表人身份证复印件（正、反面）

委托代理人身份证复印件（正、反面）

投标人：××××工程股份有限公司（公章）

法定代表人（单位负责人）：×××（签字）

身份证号码：×××

委托代理人：×××（签字）

身份证号码：×××

日　　期：2023 年 09 月 10 日

五、投标保证金

××市××管理局（采购人名称）：

本投标人自愿参加××开发区××库房新建工程项目（项目名称）施工的投标，并按招标文件要求交纳投标保证金，金额为人民币（大写）叁万元（￥30000.00元）。

本投标人承诺所交纳投标保证金是从本公司基本账户以转账方式交纳的。若有虚假，由此引起的一切责任均由我公司承担。

对于采用银行电汇或银行转账方式提交投标保证金的投标人，需在投标文件中提供银行电汇或银行转账凭证的复印件。

银行电汇或银行转账凭证的复印件

投标人：××××工程股份有限公司（公章）

法定代表人或其委托代理人：×××（签字）

日　　期：2023 年 09 月 10 日

六、投标人基本情况表

投标人基本情况表见表 3-1-1。

投标人基本情况表 表 3-1-1

投标人名称		××××工程股份有限公司			
注册地址		××市新城区××街××号	邮政编码	××××××	
联系方式	联系人	×××	电话	0471-×××××××	
	传真	0471-×××××××	网址	/	
组织结构		其他股份有限公司（非上市）			
法定代表人	姓名	×××	技术职称	高级工程师	电话	×××××××
技术负责人	姓名	×××	技术职称	高级工程师	电话	×××××××
成立时间		2011年10月21日	员工总人数：486人		
企业资质等级		建筑工程施工总承包一级	项目经理	38人	
营业执照号		91×××××××××××	其中	高级职称人员	91人
注册资金		陆仟伍佰万元		中级职称人员	168人
开户银行		中国农业银行股份有限公司××支行		初级职称人员	203人
账号		05×××××××××××××××		技工	155人
经营范围		建设工程施工；住宅室内装饰装修；建设工程设计；建设工程勘察；道路货物运输（不含危险货物）；特种设备安装改造修理；文物保护工程勘察；文物保护工程设计；文物保护工程施工；建筑智能化系统设计；电气安装服务；发电业务、输电业务、供（配）电业务；输电、供电、受电电力设施的安装、维修和试验；园林绿化工程施工；机械设备销售；机械设备租赁；普通机械设备安装服务，土石方工程施工；信息技术咨询服务；建筑材料销售；轻质建筑材料销售			
备注					

根据上面表格中的内容后附各类证照的复印件或扫描件，包括但不限于有效的营业执照、资质证书、安全生产许可证、开户许可证等。

七、近年财务状况

根据招标文件要求，一般要求投标人提供近几个年度（具体年份根据招标文件中的"投标人须知"前附表）经会计师事务所或审计机构审计的财务会计报表，包括资产负债表、现金流量表、利润表和财务情况说明书等复印件。

因涉及企业隐私，此处不提供经审计的财务报告。

有些招标项目将财务状况不仅作为资信标的主要内容，也会在评标标准中设置相应的打分项目，在编制投标文件时，应关注招标文件中的相关规定。

八、近年发生的诉讼及仲裁情况

1. 如果有发生诉讼及仲裁的情况。需要填写近年（具体年份根据招标文件中的"投标人须知"前附表）发生的诉讼和仲裁情况表（表 3-1-2），并附法院或仲裁机构作出的判决、裁决等有关法律文书复印件。

近年发生的诉讼和仲裁情况表

表 3-1-2

类别	序号	发生时间	情况简介	证明材料索引
诉讼情况				
仲裁情况				

2.如果没有发生诉讼及仲裁的情况，一般需要作出一个"参加招标投标近×年内在经营活动中无重大违法记录书面声明"。

九、其他信誉资料

根据招标文件的规定，需要提供声明或承诺的，按照给定的格式或内容编写即可，下面提供一个实例。

参加招投标近三年内在经营活动中无重大违法记录书面声明

我公司自愿参加本次招标投标活动（项目名称：××开发区××库房新建工程项目，项目编号：2023-RYKF×××-G1003），严格遵守《中华人民共和国招标投标法》《中华人民共和国招标投标法实施条例》及所有相关法律、法规和规定，同时郑重承诺：

在参加此次招投标活动近三年内，本公司在经营活动中无重大违法记录，在"信用中国"网站、"中国裁判文书网"网站、"中国政府采购网"上均无任何违法违规行为的记录。

特此声明。

投标人：××××工程股份有限公司（公章）

法定代表人或其委托代理人：×××（签字）

2023 年 09 月 10 日

具体需要查询的网站要根据招标文件的规定，并在声明后面附这些网站的查询截图。

十、近三年完成主要业绩汇总表

近三年完成主要业绩汇总表见表 3-1-3。

近三年完成主要业绩汇总表　　　　　　表 3-1-3

单位工程名称	建设规模（m²）	工程内容	工程造价（元）	开工日期	计划竣工日期
××市××区×幼儿园建设工程	5924	建筑工程	20989792	2020.12.20	2021.11.30
河北××牧场项目二标段	66786	建筑工程	53941325	2020.09.01	2021.09.30
××科技产业园区项目一期工程	6195	建筑工程	19915460	2020.05.05	2020.09.22
××市××物资储备库建设项目	4095	建筑工程	9817947	2020.04.01	2020.11.30
××××有限责任公司 2021 年第 8 次招标项目（第 21 标段）	6083	建筑工程	20813852	2021.11.30	2022.10.30
××××有限责任公司××库房建设项目	7188	建筑工程	19658005	2022.04.01	2023.08.31

注：近三年业绩指 2020 年 1 月 1 日——投标截止期。

投标人名称（公章）：××××工程股份有限公司

法定代表人或委托代理人（签字）：×××

日期：2023 年 09 月 10 日

后附业绩中标通知书和（或）施工合同的复印件并加盖单位公章，具体要求根据招标文件相关规定。

注意：如果评标办法中的评分要素在资信标中没有提供相关的材料，要在"投标人认为需要添加的其他材料"中提供，如体系认证证书、企业奖项等。

实训任务 3.2　施工组织设计和项目管理机构

3.2.1　内容及编制要求

1. 施工组织设计编制要求

若投标人须知规定施工组织设计采用技术"暗标"方式评审，则施工组织设计的编制和装订应按招标文件中的"施工组织设计暗标编制和装订要求"编制和装订。

即使不采用"暗标"方式评审，施工组织设计的内容和相关表格也应尽量与招标文件给定的"投标文件格式"中的相关内容保持一致，还要与评标办法中的技术标部分打分办法相呼应，尽量做到与评审指标——对应。

2. 施工组织设计的内容

投标人应根据招标文件和对现场的勘察情况，采用文字并结合图表形式编制施工组织设计，内容包括（可根据招标文件的要求作增减）：

（1）施工方案及技术措施；

（2）质量保证措施和质量通病、施工难点的预防及治理；

（3）施工总进度计划及保证措施；

（4）安全文明生产措施；

（5）消防及环境保护措施计划；

（6）冬期和雨期施工方案；

（7）劳动力和施工机械使用计划；

（8）施工现场总平面布置；

（9）成品保护和工程保修工作的管理措施及承诺；

（10）对项目管理的合理化建议；

（11）招标文件规定的其他内容；

（12）附表，一般包括：拟投入本工程的主要施工设备表，拟配备本工程的试验和检测仪器设备表，劳动力计划表，计划开工、竣工日期和施工进度网络图，施工总平面图，临时用地表。

3. 项目管理机构编制要求

若技术标采用"暗标"方式评审，或要求项目管理机构编入施工组织设计，且施工组织设计采用"暗标"方式评审，则在任何情况下，"项目管理机构"不得涉及人员姓名、简历、公司名称等暴露投标人身份的内容。

项目管理机构的设置应对应招标文件中关于此部分的要求和相关评标标准。例如，对于拟派项目经理执业资格、职称、经验及担任其他在施项目的要求，技术负责人专业、职称、经验等的要求，除项目经理及项目技术负责人以外的岗位设置（如安全员、质检员、材料员、施工员、资料员、预算员等）要求，并按招标文件要求填写相应表格及提供证书、社保证明、劳动合同等。

4. 项目管理机构的内容

（1）项目管理机构组成

按照招标文件给出的表格填写，一般包括姓名、职务、职称、执业或职业资格（包括证书名称、级别、专业、证书号等）等。

（2）项目经理简历

按照招标文件给出的表格填写，一般包括个人基本信息（包括姓名、性别、年龄、学历、职称等）、注册建造师执业资格相关信息（包括等级、专业、证书号等）、安全生产考核合格证书号、社保缴纳编号、担任项目经理的类似工程业绩（包括项目名称、开竣工时间、工程概况、建设单位及联系电话等）。并提供相应证明文件的复印件或扫描件及未担任其他在施建设工程项目项目经理的承诺书。

（3）主要项目管理人员简历

主要项目管理人员指项目副经理、技术负责人、合同管理、施工、技术、材料、质量、安全、财务等主要施工管理人员的安排情况。按招标文件给出的表格填写，并提供相应证明文件的复印件或扫描件。

3.2.2 施工组织设计和项目管理机构实训任务单

1. 实训目的

在了解施工组织设计和项目管理机构编制的内容和要求基础上，能够编制招标文件中的技术标部分。

2. 建议实训方式

以一个真实的建设工程招标项目为背景，以该项目的招标文件为基础资料，给出 3~5 家企业资料，或自己收集编纂企业资料，分组模拟 3~5 个投标企业。

3. 建议实训内容

编制施工组织设计中的施工方案及技术措施，质量保证措施和质量通病、施工难点的预防及治理，施工总进度计划及保证措施，安全文明生产措施，消防及环境保护措施计划，劳动力和施工机械使用计划，施工现场总平面布置。

编制项目管理机构组成表、项目经理简历表、主要项目管理人员简历表。具体实训内容范围可根据项目资料、学生情况进行调整，如可增加冬雨期施工措施计划、质量保证和保修承诺及措施计划等（各省、自治区、直辖市有相关投标文件格式要求的，实训时可参照）。

4. 提交实训成果

按招标文件给出的格式及编制要求，提交以下实训成果：

（1）施工组织设计；

（2）项目管理机构。

5. 实训进度要求

建议 8 课时（课内学时）。

3.2.3 施工组织设计和项目管理机构编制实例

施工组织设计目录

第一章　工程概况及编制说明

第二章　施工方案与技术措施

第三章　质量保证系统与措施

第四章　质量通病、施工难点的预防及治理

第五章　安全文明体系与生产措施

第六章　现场平面布置

第七章　劳动力和机械使用计划

第八章　消防措施和环境保护

招标文件中的
投标文件格式

新建厂房
案例图纸

第九章　施工进度计划

第十章　项目管理及现代管理合理化建议

第十一章　节约材料、节约能源措施

第十二章　完工后服务方案措施

附表一：拟投入项目的主要施工设备表

附表二：劳动力计划表

附表三：进度计划

第一章　工程概况及编制说明

（一）工程概况

1. 项目名称：×× 开发区 ×× 库房新建工程项目。

2. 工期：自合同签订日期起 60 天（日历天或自然日）。

3. 工程质量：符合国家质量验收标准。

（二）编制说明

1. 我公司完全接受招标文件提出的全部要求，包括有关本工程施工质量、施工进度、安全文明施工的各项控制和协调管理要求，并落实各项施工方案和技术措施，在建设单位、监理单位领导与监督下，与设计单位加强联系，共同建设好本项目。

2. 我公司通过对建设方提供的招标文件、答疑纪要、施工图纸以及有关技术资料的认真学习和分析，并结合施工现场踏勘，在分析了多种可能影响施工的因素和本工程总承包的特点、难点以及我们自身力量等各项优势后，我公司有充分的信心和能力保证高质量、高效地全面完成本工程招标文件规定的总承包管理职责，向建设单位提交一份满意的答卷。

3. 如果我公司有幸中标，我公司将全力以赴，做好施工前期准备和施工现场生产设施的总体规划布置工作。发挥我公司管理优势，建立完善的项目管理组织机构，落实严格的责任制，实施在建设、监理单位领导和监督下的项目总承包管理制度。通过对劳动力、机械设备、材料、技术、施工方法和信息的优化处置，实现工期、质量及社会信誉的预期目标效果。

4. 我公司完全接受招标文件提出的质量控制和施工技术要求，严格按照招标文件所附施工技术规范标准和地方建委的有关质量规定进行施工，尤其是将全面贯彻执行国家颁发的强制性标准，以确保本工程符合国家现行工程施工质量验收规范合格标准。

5. 为了保证本工程最终质量，我公司将建立严格的质量保证体系，强化施工质量验收制度，绝不违章施工，绝不使用不合格材料，并诚恳地接受各级政府质量监督部门的监督直至工程竣工验收。

6. 为了保证本工程中的安全生产，我公司在编制施工组织设计的同时，编制好安全生产保证计划，落实好各级人员安全生产责任制，明确项目经理为本项目安全总负责人，设立专职安全员进行安全管理。

7.一旦我公司有幸中标，将严格按建设单位、监理单位认可的施工组织设计组织施工，全过程接受业主、监理工程师对工程进度、质量、安全的监督；同时承诺，经选定的本工程项目经理及相应的专业技术、管理人员，未经建设单位同意不作调换和撤离。

8.我公司将严格按照国家及地方的有关规定组织施工，保证施工现场清洁，达到工完料清的文明施工要求。

（三）编制依据

依据工程的要求，本工程项目的材料、设备、施工须达到下列现行中华人民共和国及自治区或行业的工程建设标准、规范的要求，并应严格执行工程建设强制性标准。按最新的国家、行业及自治区现行的有关工程建设标准、规范、规程与现行标准及相关的法律、法规执行。

1.××开发区××库房新建工程项目的招标文件。

2.××开发区××库房新建工程项目的图纸及相关标准图集。

3.现场自然条件情况。

4.我公司的质量手册、程序文件、作业指导书及相关支持性文件等。

5.本工程所涉及的国家现行的施工及验收规范、标准及操作规程、工程建设标准强制性条文。

（四）总体目标

我公司将从战略高度重视本工程的建设，响应招标文件全部条款，采取切实可行的措施，用以指导该工程的施工组织与管理，以确保优质、高效、安全、文明地完成该工程的施工任务。确保工程达到如下目标：

1.质量目标

工程质量符合国家质量验收标准。

2.环保目标

（1）严格按照住房和城乡建设部发布的《绿色施工导则》执行，实施"绿色施工"。

（2）噪声排放达标：符合《建筑施工场界环境噪声排放标准》规定。

（3）污水排放标准：生产及生活污水经沉淀后排放，达到该市规定的标准。

（4）减少粉尘排放：施工现场道路硬化，办公区、生活区环境绿化，施工道路每天派专人洒水，达到现场目测无扬尘。

3.工程服务目标

提供满意服务，赢得业主充分信任，树立全过程服务的宗旨，积极主动，想业主所想，急业主所急，为业主服务。

（五）指导思想

工程施工以"三保""二突出""一文明""五统一"为指导思想。

1. 三保

（1）确保计划工期：在施工阶段做到早进场、早安家设营、早开工，以快速形成施工高潮；施工过程中制定详细计划组织施工，紧抓控制工期的关键线路，平行组织、流水作业，合理划分区段，多点全面展开施工，确保工期目标的实现。

（2）确保工程质量：建立健全质量保证体系，严格按 ISO 9001 质量保证体系运行，组织规范化、标准化作业，全面开展质量创优活动，按相关标准的规定和要求，对工程质量进行控制和评定。确保工程质量等级符合国家质量验收标准。

（3）确保施工安全：建立健全安全保证体系，制定安全生产施工细则，确定奖罚制度，严密组织安全防护，树立"安全施工，人人有责"的观念，确保实现安全目标。

2. 二突出

（1）突出技术先进：采用新技术、新工艺，依据工程实际情况优化施工组织和资源配置，做到技术先进可行、安全可靠、经济合理，确保兑现投标承诺，令业主满意、放心。

（2）突出工程重点：根据本工程实际情况，按均衡施工原则安排其他工程施工。

3. 一文明

合理安排施工顺序、施工场地与施工方法；认真保护自然环境，搞好文明工地建设。

4. 五统一

"安全、质量、工期、功能、成本"五统一将贯穿于工程始终。

第二章　施工方案与技术措施

（一）施工准备

1. 施工现场生产准备

（1）现场调查踏勘和环境调查。了解并落实现场临时占地，提出临时用地申请并联系办理有关事宜；了解现场交通状况，向业主、监理提交现场交通导流组织方案及临时施工道路设置方案；了解现场地上地下障碍物情况，向业主、监理提交拆迁报告及地下障碍物的改移保护方案，联系现场余土的外运场地。

（2）现场三通一平。工程开工前，向业主及地方水电管理部门提交水电供应申请及手续。在开工后五日内完成水电临时线路的铺设工作。

（3）临时设施搭建。工程开工前办理完成现场临时用地的手续，现场围挡在开工前完成，施工队伍、办公生活区及材料加工区，材料库及材料存放场等临时设施在开工前陆续建造，在开工后五日内全部完成。

（4）施工队伍进场组织。项目经理部在任务落实后三日内组建完毕并进场开展工作，施工队伍于开工前五日组织进场，同时进行进场教育及技术培训。

（5）机械设备进场组织。前期施工的部分机械设备于开工前五日组织进场，同时进行维修、保养及调试等工作。后续施工机械随施工进度陆续组织进场。

2. 技术准备

（1）开工前，组织技术人员及现场管理人员学习施工规范、工艺标准以及业主、监理下发的有关文件，熟悉、了解本工程的施工特点，掌握各项目的施工工艺和技术标准，同时组织专业技术工种进行培训教育。接到施工图纸后五日内完成审图，并申请业主、监理等部门进行图纸会审和设计交底工作。

（2）接到施工图纸后，结合现场实际情况，十日内完成实际性施工方案和施工组织设计的编制工作并报监理审批，开工前完成前期施工各项目的现场施工技术交底，提出各种预制构件的加工计划。

（3）开工前完成测量交接桩及其复核工作，完成施工测量方案的编制和控制网点测设成果报监理审批，完成现场道路中线、用地红线及现状测量。

（4）先期施工的工程定位放线于施工前完成并请业主、监理及设计勘测部门进行验线。

3. 物资准备

（1）工程开工前，完成各项施工用料的调查落实，经取样试验合格后签订供货协议，并分期分批组织进场。

（2）各种预制构件根据施工进度计划安排，提前与构件厂签订供货协议，并提交构件加工计划。

4. 临时用电、用水

（1）临时供水。本工程中闭水试验及管道工程施工等用水量较大。为保证施工用水，沿线拟铺设一条 DN100 钢管，每隔 100m 设一截止阀门，在给水排水管道流水段施工分界处安装 DN75 闸门，作为闭水试验用水源。施工现场用水使用橡胶管引流。施工用水源与供水部门协商后就近接入，保证施工用水的需要。

（2）临时供电。电源采用三相五线制，由甲方指定地点引入总配电箱，并在总配电箱处做重复接地一组，接地电阻小于 4Ω。供电采用树干式引导供电，每隔 100m 设闸箱。现场布置均按三级配电，二级保护，做到一机一闸，并就近设开关箱。为防备停电或临时小容量用电，同时准备 250kVA 柴油发电机一台，满足工程临时用电需要。其他内容严格执行《施工现场临时用电安全技术规范》。

（二）施工测量方案

1. 测量准备工作

（1）测量仪器与器具的检定、检校：按照《公司计量管理办法》中规定的周期进行校验，保证其均在受控状态。

（2）对甲方提供的建筑红线桩点（或平面控制点）、水准点进行复测校核。选取唯一的起始控制点位与方向作为建筑物平面控制的起始依据，选取唯一的水准点为高程控制的起始依据。

2. 控制网的布设

（1）平面控制网。布设平面控制网，并根据建筑物与它的几何关系，按与控制网同样精度，利用平行借线法，布设建筑物轴线控制桩。测设方法采用直角坐标法，控制点之间通视、易丈量，其顶面标高略低于场地设计标高，并按规定进行埋设，以便长期保存。

（2）高程控制。高程控制桩点可保证建筑物分段施工时，均能够在水准仪有效视线范围内提供两个控制点，以作校准。对不稳定或易受施工影响的点位及时复测，掌握桩位的变动情况，进行必要的调整。高程引测宜先采用附合或闭合测法的水准测量，条件受限时也可用往返测法的水准测量，技术指标按照水准测量三等要求，即附合差、闭合差或往返较差不应超过：$\pm 12\text{mm} \times L$（L 表示附合或闭合路线长度，取至 0.01km）。点位选在土质稳定、便于施测使用、能长期保存的地方，并妥善保护桩点。

3. 结构施工测量

（1）选择控制测点位置：基础施工前，选择控制测点位置。控制测点选择在距离轴线 1500mm 处的混凝土板上，便于预留孔和进行激光传递。

（2）正确设置投测点：基础施工时，在其顶面精确埋设控制点的测量标志，并精确测量各控制点之间的距离和夹角度数。设置完投测控制点后，妥善保护、防止损坏。为了使激光光束能从底层直接打到所需测设的层面，在各层板的投测点处，须留置 150~200mm 见方（或直径）的孔洞，平时孔洞处须盖好盖板，以保安全。

（3）每次投测时，将激光铅直仪精确对中，严格整平，然后开始投测，与此同时，在所测设层的板预留孔洞上，采用绘有坐标网格的靶标接收。为了消除激光铅直仪系统误差，应将仪器在水平方向作 0°、90°、180°、270° 回转，四点对角连线，交点即为正确投测点。按照靶标上的十字线，在地面上画出十字线标志后，复测各点之间的距离与夹角值，并与底层进行校核无误后，作为地面定位放线的依据。各投测点确定后，即可进行各细部的定位放线工作。

（4）标高的竖向传递：施工层抄平前，应先校测底层传递上来的三个标高点，当校差小于 3mm 时，以其平均值引测水平线。如超限，则返工重新量取。抄平时，尽量将水准仪安置在测点范围的中心位置，并进行一次精密定平，水平线标高允许误差在 $\pm 3\text{mm}$。

（5）在现浇混凝土结构中，墙柱钢筋绑扎完成后，在竖向主筋上测设标高点，并用油漆标注，作为支模与浇筑混凝土的依据。现浇柱支模后，用经纬仪校测模板垂直度。当施工层结构立面完成后，将一定标高水平线用墨线标定于结构四周内墙面与柱身上。

4. 沉降观测

（1）埋设好沉降观测点，定期进行观测，做好记录。

（2）严格执行工程测量规范。

（3）严禁使用未经法定计量单位检定的仪器和计量工具。

（4）所有测量数据反复检查，认真计算，测量成果表有仪器编号及测量人、计算人、审核人签名。

（5）所有测量控制点的埋设必须可靠牢固。

（6）测量控制点和水准点必须定期复测。

（三）土方工程

1. 平整场地施工方法

（1）为确保填土压实的均匀性及密实度，避免碾轮下陷，提高碾压效率，在碾压机械碾压之前，先用轻型推土机、拖拉机推平，低速预压 4~5 遍，使表面平实；且应先静压，而后振压。

（2）用压路机进行填方压实，并采用"薄填、慢驶、多次"的方法，填土厚度不超过 30cm；碾压方向应从两边逐渐向中间，碾轮每次重叠宽度 15~25cm，避免漏压。运行中碾轮边距填方边缘应大于 50cm，以防止发生溜坡倾倒，边角、边坡、边缘压实不到之处，应辅以人力夯实机具夯实。压实密度，应压至轮子下沉量不超过 2cm 为准。

2. 土方开挖施工方法

（1）土方挖运施工流程

基槽土方开挖：设备进场→施工放线→开挖边坡支护工作区→支护施工后下步土方开挖（同时分步进行基坑中部土方开挖）→开挖至槽底→清槽收土→后续施工。

运土施工：挖土装车→出口处清土→清扫（冲洗）轮胎→出场外运。

天然地基部位槽底预留土层厚度为 30cm，当机械挖土到设计槽底以上时，由测量人员配合共同进行，标高由水准测量控制，不允许超挖，以免扰动下部持力地层。

（2）施工管理及技术要求

1）土方开挖前，先由业主提供的放线控制桩位引线，并结合开槽图施放开挖边线，放线须经监理认可验收后，方可进行开挖。

2）由于地层为砂地层，开挖时控制挖深，一步开挖不宜过深，以免坍塌。

3）挖土时注意周边管线，开挖浅部 2.5m 厚度土层时，须有人跟铲作业，注意观察周边暗埋物的情况。

（3）土方开挖控制

1）标高控制

由于基础持力层直接放在槽底土层上，挖土时如控制不好很容易对下卧持力层造成扰动，因此在挖土时必须注意控制挖深，土方开挖与支护同步进行。前期挖土施工时在护坡坡面上抄测挖土各点标高，将最后一步开挖作为控制重点，开挖时由专业测量人员跟踪抄测，控制挖深。

2）预防超挖措施

最后一步土方开挖应提前作出控制开挖的标高点。先由测量人员给出开挖深度，由挖土机逐步向下开挖，边开挖边测量，配合至预留人工清槽土层顶标高，对于已挖出槽底的应等间距撒出白灰点作为标志防止超挖。禁止大型施工机械和设备来回碾压已挖出槽底。

（4）清槽施工

在槽底钎探合格后，槽底保护层土由人工用平底锹清理，要防止人员反复在已清平的槽底来回走动，清理完毕的槽底应立即进行垫层施工。

（5）土方收尾

最后一步土方挖运，用反铲挖土机向马道口收土，边收土边装车运走。最后由挖土机站在基坑马道平台上直接收土。挖土机及其他施工机械最后由外马道撤出。

（6）土方开挖过程中遇紧急情况的处理措施

立即停止施工，疏散相关人员。当边坡出现明显垮塌迹象，立即进行土方回填，稳住边坡。

3. 土方回填

（1）施工准备

1）回填前，清理基底的垃圾等杂物，清除积水、淤泥。

2）施工前应根据工程特点、填方土料种类、密实度要求、施工条件等，合理确定填土料含水率控制范围、虚填厚度和压实遍数等参数，并通过试验确定回填土的最大干密度。

3）房心和管沟的回填，应在完成上下水管道的安装后再进行。

4）施工前，在柱、梁侧面弹出每步回填土的标高（步距）控制线，做好水平高程标志的设置。

（2）场地填方压实要求

0~0.3m 内压实度不小于 93%，0.3~1.5m 厚度内压实度不小于 92%，1.5m 以内压实度不小于 90%。

（3）操作工艺

1）工艺流程：房心清理→检验土质→分层铺土、耙平→夯打密实→找平验收。

2）填土前将房心内的垃圾杂物等清理干净，必须清理到基础底面标高，将回落的砂浆、石子等清理干净。

3）检验回填土的含水率是否在控制范围内，如含水率偏高，可采用翻松、晾晒或均匀掺入干土等措施；如遇回填土的含水率偏低，可采用预先洒水润湿等措施。

4）回填土应分层铺摊和夯实。每层铺土厚度应根据土质、密实度要求和机具性能确定。每层铺摊后，随之耙平。

5）回填土每层至少打三遍。打夯应一夯压半夯，夯夯连接，纵横交叉。并且严禁使用水浇使土下沉的所谓的"水夯"法。

6）深浅两基坑（房心）相连时，应先填夯深基坑，填至浅基坑标高时，再与浅基坑一起填夯。如必须分段夯实时，交接处应呈阶梯形，且不得漏夯。上下层错缝距离不小于 1.0m。

7）回填土每层夯实后，按规范规定进行环刀取样（每层每 $500m^2$ 取样一组，梅花形交叉进行），实测回填土的最大干密度，达到要求后再铺上一层土。每层填土完成后，进行表面拉线找平，达到要求后再铺上一层的土。填土全部完成后，进行表面拉线找平，凡高出允许偏差的地方，应及时依线铲平；凡低于规定高程的地方应补土夯实。

下面可根据给出的标题，练习编写相关内容：

（四）钢筋工程

1. 施工准备

（1）钢筋的进场和堆放；

（2）钢筋加工；

（3）钢筋除锈；

（4）钢筋配料；

（5）钢筋的接长。

2. 底板钢筋

（1）工艺流程；

（2）施工方法。

3. 柱筋

（1）工艺流程；

（2）施工方法。

4. 墙筋

（1）工艺流程；

（2）施工方法。

5. 梁钢筋

（1）工艺流程；

（2）施工方法。

6. 板钢筋

（1）工艺流程；

（2）施工方法。

7. 楼梯筋

（1）工艺流程；

（2）施工方法。

8. 成品保护

（五）混凝土工程

1. 施工准备

（1）机具准备；

（2）检查检验。

2. 混凝土的浇筑

（1）工艺流程；

（2）施工方法。

3. 混凝土的振捣

4. 混凝土的养护

5. 成品保护

施工组织设计

本工程还包括：砌体工程、地面工程、墙面工程、顶棚工程、门窗安装、防水工程、脚手架工程、电气工程、消防工程、室外其他工程（散水和坡道）、拆除工程、雨篷工程、围墙工程等。可参考前面的分部分项工程的施工方案和技术措施编写。

因篇幅有限，质量保证系统与措施、质量通病与施工难点的预防及治理等内容，可扫描二维码查阅。

项目管理机构

（一）项目管理机构组成表

项目管理机构组成表见表 3-2-1。

项目管理机构组成表　　　　　　　　　　　　　　　　　　　　表 3-2-1

职务	姓名	职称	执业或职业资格证明					备注
			证书名称	级别	证号	专业	养老保险	
项目经理	×××	中级工程师	注册证书	二级	蒙2××××××××××××	建筑工程	社保已缴纳	
技术负责人	×××	高级工程师	职称证书	高级	2××××××××××	建筑工程	社保已缴纳	
施工员	×××	无	岗位证书	无	01×××××××××× ××××××	建筑工程	社保已缴纳	
质检员	×××	无	岗位证书	无	01×××××××××× ××××××	建筑工程	社保已缴纳	
安全员	×××	无	岗位证书	无	蒙建安 C（2018）××××××××	建筑工程	社保已缴纳	

续表

职务	姓名	职称	执业或职业资格证明					备注
			证书名称	级别	证号	专业	养老保险	
材料员	×××	无	岗位证书	无	01××××××××××××××	建筑工程	社保已缴纳	
资料员	×××	无	岗位证书	无	01××××××××××××××	建筑工程	社保已缴纳	
预算员	×××	无	岗位证书	无	1×××××××××××××	建筑工程	社保已缴纳	

（二）主要人员简历表

附1：项目经理简历表（表3-2-2）

项目经理应附建造师注册证书、安全生产考核合格证书、身份证、职称证（如有）、学历证（如有）、劳动合同、养老保险复印件或扫描件及未担任其他在施建设工程项目项目经理的承诺书。

<table>
<tr><td colspan="6" align="center">项目经理简历表　　　　　　　表3-2-2</td></tr>
<tr><td>姓名</td><td>×××</td><td>年龄</td><td>××岁</td><td>学历</td><td>大专</td></tr>
<tr><td>职称</td><td>工程师</td><td>职务</td><td>项目经理</td><td>拟在本工程任职</td><td>项目经理</td></tr>
<tr><td colspan="2">注册建造师执业资格等级</td><td colspan="2">二级</td><td>建造师专业</td><td>建筑工程</td></tr>
<tr><td colspan="2">安全生产考核合格证书</td><td colspan="4">蒙建安B（2023）×××××××</td></tr>
<tr><td>毕业学校</td><td colspan="5">2002年毕业于 ×××× 学校 建筑工程技术 专业</td></tr>
<tr><td colspan="6" align="center">主要工作经历</td></tr>
<tr><td>时　间</td><td colspan="2">参加过的类似项目名称</td><td colspan="2">担任职务</td><td>发包人及联系电话</td></tr>
<tr><td>2020.6.30—2021.9.31</td><td colspan="2">××有限责任公司××库房新建工程</td><td colspan="2">项目经理</td><td>××有限责任公司
0471-××××××</td></tr>
<tr><td></td><td colspan="2"></td><td colspan="2"></td><td></td></tr>
<tr><td></td><td colspan="2"></td><td colspan="2"></td><td></td></tr>
<tr><td></td><td colspan="2"></td><td colspan="2"></td><td></td></tr>
</table>

后面附项目经理的建造师注册证书、安全生产考核合格证书、身份证、职称证（如有）、学历证（如有）、劳动合同、养老保险复印件或扫描件及未担任其他在施建设工程项目项目经理的承诺书。

承诺书

×× 市 ×× 管理局（招标人名称）：

我方在此声明，我方拟派往 ×× 开发区 ×× 库房新建工程项目（项目名称）（以下简称"本工程"）施工的项目经理 ×××（项目经理姓名）现阶段没有担任任何在施建设工程项目的项目经理。

我方保证上述信息的真实和准确，并愿意承担因我方就此弄虚作假所引起的一切法律后果。

特此承诺。

投标人：×××× 工程股份有限公司（公章）

法定代表人或其委托代理人：×××（签字或盖章）

2023 年 09 月 10 日

附 2：主要项目管理人员简历表（表 3-2-3~ 表 3-2-6）

主要项目管理人员指技术负责人、施工员、质检（质量）、专职安全生产管理人员等岗位人员。应附施工员岗位证、质检（质量）员岗位证、技术负责人职称证，专职安全生产管理人员安全生产考核合格证书，以及所有人员身份证、职称证（如有）、学历证（如有）、劳动合同、养老保险复印件或扫描件。

主要项目管理人员简历表（一） 表 3-2-3

岗位名称		技术负责人	
姓名	×××	年龄	×× 岁
性别	男	毕业学校	××× 建筑大学
学历和专业	本科、建筑工程	毕业时间	1999 年
拥有的执业资格	职称证书	专业职称	高级工程师
执业资格证书编号	2×××××××××	工作年限	20 年
主要工作业绩及担任的主要工作	1.×× 园区综合服务区给水工程施工第一标段； 2.×× 铁路沿线安全区水源井封闭置换水源工程； 3.×× 市 ×× 住宅小区地下三网改造项目； 4.×× 市 ×× 区供排水管网新建及改造工程施工二标段； 5.×× 市 ×× 棚户区改造配套基础设施工程		

后面附技术负责人身份证、职称证（如有）、学历证（如有）、劳动合同、养老保险复印件或扫描件。

主要项目管理人员简历表（二）　　　　　　　表 3-2-4

岗位名称		施工员	
姓名	×××	年龄	×× 岁
性别	男	毕业学校	××× 建筑学院
学历和专业	大专、建筑工程	毕业时间	2016 年
拥有的执业资格	岗位证书	专业职称	无
执业资格证书编号	01××××××××××××××××	工作年限	6 年
主要工作业绩及担任的主要工作	1.××× 园区综合服务区给水工程施工第一标段； 2.×× 铁路沿线安全区水源井封闭置换水源工程； 3.×× 市 ×× 住宅小区地下三网改造项目； 4.×× 市 ×× 区供排水管网新建及改造工程施工二标段； 5.×× 市 ×× 棚户区改造配套基础设施工程		

主要项目管理人员简历表（三）　　　　　　　表 3-2-5

岗位名称		质检员	
姓名	×××	年龄	×× 岁
性别	男	毕业学校	××× 建筑学院
学历和专业	大专、建筑工程	毕业时间	2015 年
拥有的执业资格	岗位证书	专业职称	无
执业资格证书编号	01××××××××××××××××	工作年限	7 年
主要工作业绩及担任的主要工作	1.××× 园区综合服务区给水工程施工第一标段； 2.×× 铁路沿线安全区水源井封闭置换水源工程； 3.×× 市 ×× 住宅小区地下三网改造项目； 4.×× 市 ×× 区供排水管网新建及改造工程施工二标段； 5.×× 市 ×× 棚户区改造配套基础设施工程		

主要项目管理人员简历表（四）　　　　　　　表 3-2-6

岗位名称		安全员	
姓名	×××	年龄	×× 岁
性别	男	毕业学校	××× 技术学院
学历和专业	大专、建筑工程	毕业时间	2001 年
拥有的执业资格	岗位证书	专业职称	无
执业资格证书编号	蒙建安 C（2018）×××××××	工作年限	20 年
主要工作业绩及担任的主要工作	1.××× 园区综合服务区给水工程施工第一标段； 2.×× 铁路沿线安全区水源井封闭置换水源工程； 3.×× 市 ×× 住宅小区地下三网改造项目； 4.×× 市 ×× 区供排水管网新建及改造工程施工二标段； 5.×× 市 ×× 棚户区改造配套基础设施工程		

材料员、预算员、资料员等的项目管理人员简历表和需提供的复印或扫描件要求与施工员类似，此处不再赘述。

实训任务 3.3　已标价工程量清单

3.3.1　已标价工程量清单的编制

1. 概念

根据《建设工程工程量清单计价规范》GB 50500—2013 的规定：

已标价工程量清单：构成合同文件组成部分的投标文件中已标明价格，经算术性错误修正（如有）且承包人已确认的工程量清单，包括对其的说明和表格。

从概念分析，已标价工程量清单是合同的组成部分。在投标文件中的"已标价工程量清单"应该理解为投标报价（以下均称投标报价），这里强调两点，一是在投标文件中不仅有投标报价的总价，也包括相关的说明和表格；二是投标报价应按照招标文件提供的"招标工程量清单"（或称"工程量清单"）进行标价。

2. 要求

（1）一般规定

根据《建设工程工程量清单计价规范》GB 50500—2013 的规定：

1）投标人可自主确定投标报价，投标报价不得高于最高投标限价，也不得低于工程成本。

2）投标人应按招标工程量清单填报价格。项目编码、项目名称、项目特征、计量单位、工程量必须与招标工程量清单一致。

（2）编制依据

根据《建设工程工程量清单计价规范》GB 50500—2013 的规定：

投标报价应根据下列依据编制和复核：①本规范；②国家或省级、行业建设主管部门颁发的计价办法；③企业定额，国家或省级、行业建设主管部门颁发的计价定额；④招标文件、工程量清单及其补充通知、答疑纪要；⑤建设工程设计文件及相关资料；⑥施工现场情况、工程特点及拟定的投标施工组织设计或施工方案；⑦与建设项目相关的标准、规范等技术资料；⑧市场价格信息或工程造价管理机构发布的工程造价信息；⑨其他相关资料。

（3）编制要求

根据《建设工程工程量清单计价规范》GB 50500—2013 的规定：

1）分部分项工程费应依据招标文件及其招标工程量清单中分部分项工程量清单项

目的特征描述确定综合单价计算，综合单价中应考虑招标文件中要求投标人承担的风险费用，招标工程量清单中提供了暂估单价的材料和工程设备，按暂估的单价计入综合单价。

2）措施项目费应根据招标文件中的措施项目清单及投标时拟定的施工组织设计或施工方案自主确定，措施项目清单中的安全文明施工费应按照国家或省级、行业建设主管部门的规定计价，不得作为竞争性费用。

3）其他项目费应按下列规定报价：A. 暂列金额应按招标工程量清单中列出的金额填写；B. 材料、工程设备暂估价应按招标工程量清单中列出的单价计入综合单价；C. 专业工程暂估价应按招标工程量清单中列出的金额填写；D. 计日工应按招标工程量清单中列出的项目和数量，自主确定综合单价并计算计日工总额；E. 总承包服务费应根据招标工程量清单中列出的内容和提出的要求自主确定。

4）规费和税金：规费和税金应按国家或省级、行业建设主管部门的规定计算，不得作为竞争性费用。

5）投标总价应当与分部分项工程费、措施项目费、其他项目费和规费、税金的合计金额一致。

招标文件中对于投标报价的编制一般还会有如下规定，要特别注意：

按照招标人提供的工程量清单进行组价，不允许修改项目编码、单项工程名称、工程量、单位工程名称、项目结构、单位工程排序等。

投标人编制投标报价文件时，软件自检发现有重复编码或者编码顺序不一致的情况，应当按照招标方发出的工程量清单组价，不要选择自动调整。如果出现工程量清单中的工程名称与招标文件不一致的情况，仍旧按照工程量清单给出的名称进行组价。

投标人应严格按照招标文件明确的工程代号、名称、标段以及项目结构（包括名称、数量、层级）等内容编制投标文件，如因修改等原因不能在开标现场导出文件或影响清标的，作废标处理。

3. 编制步骤

做好投标报价工作，需充分了解招标文件的全部含义，采用已熟悉的投标报价程序和方法。应对招标文件有一个系统而完整的理解，从合同条件到技术规范、工程设计图纸，从工程量清单到具体投标书和报价单的要求，都要严肃认真对待。投标报价的步骤一般如下：

（1）熟悉招标文件，对工程项目进行调查与现场考察。

（2）结合工程项目的特点、合同条款、竞争对手的实力和本企业的自身状况、经验、习惯，制定投标策略。

（3）核算招标项目实际工程量。

（4）编制施工组织设计。

（5）根据施工组织设计中的施工方案、工期、企业定额（如没有可参考使用地方定额、行业定额），并考虑工程承包市场的行情，以及人工、机械及材料供应的费用，计算分部分项工程费、措施项目费、其他项目费。

（6）依据相关规定计算规费和税金，合计形成投标报价。

3.3.2　已标价工程量清单实训任务单

1. 实训目的

在了解工程量清单相关概念、编制要求和基本步骤的基础上，能够编制投标报价。

2. 建议实训方式

以一个真实的建设工程招标项目为背景，以该项目的招标文件为基础资料，给出 3~5 家企业资料，或自己收集编纂企业资料，分组模拟 3~5 个投标企业。

3. 建议实训内容

根据给出的招标文件，编制投标报价。建议手工计价和使用软件相结合，进行对比校正。具体实训内容范围可根据项目资料、学生情况进行调整（各省、自治区、直辖市有相关投标文件格式要求的，实训时可参照）。

4. 提交实训成果

按招标文件给出的格式及编制要求，提交以下实训成果：

（1）投标报价封面。

（2）单项工程和单位工程汇总表。

（3）分部分项工程和单价措施项目清单与计价表。

（4）分部分项工程量清单综合单价分析表。

（5）总价措施项目清单与计价表。

（6）其他项目清单与计价汇总表。

（7）规费、税金项目计价表。

5. 实训进度要求

建议 8 课时（课内学时）。

工程量清单

3.3.3 投标报价编制实例

××开发区××库房新建 工程

投 标 总 价

招 标 人： ××市××管理局

工 程 名 称： ××开发区××库房新建工程

投标总价（小写）： 1754703.22 元

（大写）：壹佰柒拾伍万肆仟柒佰零叁元贰角贰分

投 标 人： ××××工程股份有限公司

（单位盖章）

法定代表人

或其授权人： ×××

（签字或盖章）

编 制 人： ×××

（造价人员签字盖章）

时 间： 2023 年 09 月 10 日

单项工程投标报价汇总表见表 3-3-1。

单项工程投标报价汇总表

表 3-3-1

工程名称：××开发区××库房新建工程

第 1 页共 1 页

序号	单位工程名称	金额（元）	其中（元）		
			暂估价	安全文明施工费	规费
1	土方工程	62120.36		559.21	2824.74
2	建筑与装饰工程	1450857.91	132676.55	19650.12	51287.44
3	道路工程	20048.65		170.67	455.23
4	安装工程	221676.30	71490.56	491.87	3175.17
	合计	1754703.22	204167.11	20871.87	57742.58

注：本表适用于单项工程招标控制价或投标报价的汇总。暂估价包括分部分项工程中的暂估价和专业工程工程暂估价。

单位工程投标报价汇总表见表 3-3-2。

单位工程投标报价汇总表

表 3-3-2

工程名称：土方工程

第 1 页共 1 页

序号	汇总内容	金额（元）	其中：暂估价（元）
1	分部分项工程	42006.89	0
1.1	建筑土方	41434.99	
1.2	雨水管土方	571.90	
2	措施项目	5432.53	
2.1	其中：安全文明施工费	559.21	
3	其他项目	6727	
3.1	其中：暂列金额	5827	
3.2	其中：专业工程暂估价		
3.3	其中：计日工	900	
3.4	其中：总承包服务费		
3.5	其中：材料检验试验费		
4	规费	2824.74	
5	税金	5129.20	
	投标报价合计 =1+2+3+4+5	62120.36	0

注：本表适用于单位工程招标控制价或投标报价的汇总，如无单位工程划分，单项工程也使用本表汇总。

分部分项工程和单价措施项目清单与计价表见表 3-3-3。

分部分项工程和单价措施项目清单与计价表　　　　表 3-3-3

工程名称：土方工程　　　　　　　　　　　　　　　　　　　　　　　　第 1 页共 2 页

序号	项目编码	项目名称	项目特征描述	计量单位	工程量	金额（元）		
						综合单价	合价	其中
								暂估价
		建筑土方						
1	010101001001	平整场地	1. 土壤类别：一、二类土 2. 机械场地平整	m²	1017.91	1.4	1425.07	
2	010101001002	平整场地	1. 土壤类别：一、二类土 2. 基底钎探	m²	144.94	5.64	817.46	
3	010101002002	挖一般土方	1. 土壤类别：一、二类土 2. 挖土深度：1.3m 3. 挖掘机挖装土	m³	648.5	5.56	3605.66	
4	010101002003	挖一般土方	1. 土壤类别：一、二类土 2. 挖土深度：1.3m 3. 挖掘机挖土	m³	369.41	5.56	2053.92	
5	010101003001	挖沟槽土方	1. 土壤类别：一、二类土 2. 挖土深度：1.3m 3. 挖掘机挖沟槽土	m³	109.4	6.87	751.58	
6	010101003002	挖沟槽土方	1. 土壤类别：一、二类土 2. 挖土深度：1.3m 3. 挖掘机挖装沟槽土	m³	140.6	6.87	965.92	
7	010103001001	回填方	1. 密实度要求：满足设计和规范要求 2. 填方材料品种：素土	m³	109.4	11.39	1246.07	
8	010103001003	回填方	房心回填 1. 素土回填 2. 密实度要求：满足设计要求	m³	369.41	18.29	6756.51	
9	010103002002	余方弃置	1. 一、二类土（房心回填运土方） 2. 自行铲运机铲运土 300m 以内	m³	369.41	6.21	2294.04	
10	010103002001	余方弃置	1. 废弃料品种：素土 2. 土方运输自卸汽车运土运距暂定 15km 以内	m³	789.1	27.27	21518.76	
		分部小计					41434.99	
		本页小计					41434.99	

注：为计取规费等的使用，可在表中增设其中"定额人工费"。

分部分项工程和单价措施项目清单与计价表

续表

工程名称：土方工程

第2页共2页

序号	项目编码	项目名称	项目特征描述	计量单位	工程量	金额（元）		
						综合单价	合价	其中暂估价
		雨水管土方						
11	040101002001	挖沟槽土方	1. 土壤类别：一二类 2. 挖土深度：2m以内	m³	31.32	6.87	215.17	
12	040103001001	回填方	填方材料品种：土方	m³	31.32	11.39	356.73	
		分部小计					571.9	
		措施项目						
13	011705001001	大型机械设备进出场及安拆	履带式挖掘机进出场费 1m³以内	台次	1	4803.42	4803.42	
		分部小计					4803.42	
		本页小计					46810.31	
		合计					46810.31	

注：为计取规费等的使用，可在表中增设其中"定额人工费"。

综合单价分析表（节选）见表3-3-4。

综合单价分析表

表3-3-4

工程名称：土方工程

第1页共13页

项目编码	010101001001	项目名称	平整场地	计量单位	m²	工程量	1017.91

| | | | | 清单综合单价组成明细 | | | | | | | |

定额编号	定额项目名称	定额单位	数量	单价				合价			
				人工费	材料费	机械费	管理费和利润	人工费	材料费	机械费	管理费和利润
1-122	机械场地平整	100m²	0.0100	7.77	0	130.5	1.27	0.08	0	1.31	0.01
人工单价			小计					0.08	0.00	1.31	0.01
综合工日 98.02 元/工日			未计价材料费					0			
清单项目综合单价								1.4			

材料费明细	主要材料名称、规格、型号		单位	数量	单价（元）	合价（元）	暂估单价（元）	暂估合价（元）

注：招标文件提供了暂估单价的材料，按暂估的单价填入表内"暂估单价"栏及"暂估合价"栏。

综合单价分析表

工程名称：土方工程

项目编码	010101001002	项目名称	平整场地	计量单位	m²	工程量	144.94

清单综合单价组成明细

定额编号	定额项目名称	定额单位	数量	单价				合价			
				人工费	材料费	机械费	管理费和利润	人工费	材料费	机械费	管理费和利润
1-123	基底钎探	100m²	0.0100	384.92	55.33	60.42	62.98	3.85	0.55	0.6	0.63
	人工单价			小计				3.85	0.55	0.60	0.63
	综合工日 98.02 元 / 工日			未计价材料费				0			
	清单项目综合单价							5.64			

	主要材料名称、规格、型号			单位	数量	单价（元）	合价（元）	暂估单价（元）	暂估合价（元）
材料费明细	钢钎 φ22~25			kg	0.0817	2.92	0.24		
	水			m³	0.0005	7.4	0		
	砂子中粗砂			m³	0.0025	75.7	0.19		
	烧结煤矸石普通砖 240×115×53			千块	0.0003	417.1	0.13		
	材料费小计			—		0.56	—		0.00

注：招标文件提供了暂估单价的材料，按暂估的单价填入表内"暂估单价"栏及"暂估合价"栏。

综合单价分析表

工程名称：土方工程

项目编码	010101002002	项目名称	挖一般土方	计量单位	m³	工程量	648.5

清单综合单价组成明细

定额编号	定额项目名称	定额单位	数量	单价				合价			
				人工费	材料费	机械费	管理费和利润	人工费	材料费	机械费	管理费和利润
1-43	挖掘机挖一般土方一、二类土	10m³	0.1000	28.68	0	22.2	4.7	2.87	0	2.22	0.47
	人工单价			小计				2.87	0.00	2.22	0.47
	综合工日 98.02 元 / 工日			未计价材料费				0			
	清单项目综合单价							5.56			

	主要材料名称、规格、型号			单位	数量	单价（元）	合价（元）	暂估单价（元）	暂估合价（元）
材料费明细									

注：招标文件提供了暂估单价的材料，按暂估的单价填入表内"暂估单价"栏及"暂估合价"栏。

土石方工程的综合单价分析表共13个，此处只展示三个分部分项工程项目，其他综合单价分析表请扫描二维码查阅学习。

综合单价分析表还可以采用下面的表格样式（表3-3-5）：

综合单价分析表

分部分项工程量清单综合单价分析表
表3-3-5

工程名称：土方工程　　　　　　　　　　　　　　　　　　　　　　　　　第1页共3页

序号	项目编号（定额编号）	项目名称	单位	数量	综合单价（元）	综合合价（元）	综合单价（元）				
							人工费	材料费	机械费	管理费	利润

总价措施项目清单与计价表见表3-3-6。

总价措施项目清单与计价表
表3-3-6

工程名称：土方工程　　　　　　　　　　　　　　　　　　　　　　　　　第1页共1页

序号	项目编码	项目名称	计算基础	费率（%）	金额（元）	调整费率（%）	调整后金额（元）	备注
1	011707001	安全文明施工费			559.21			
1.1	011707001001	安全文明施工与环境保护费	分部分项人工费＋技术措施项目人工费	3	419.4			
1.2	011707001002	临时设施费	分部分项人工费＋技术措施项目人工费	1	139.81			
2	011707005001	雨季施工增加费	分部分项人工费＋技术措施项目人工费	0.5	69.9			
	合计				629.11			

注：1."计算基础"中安全文明施工费可为"定额基价""定额人工费"或"定额人工费＋定额机械费"，其他项目可为"定额人工费"或"定额人工费＋定额机械费"。
　　2.按施工方案计算的措施费，若无"计算基础"和"费率"的数值，也可只填"金额"数值，但应在备注栏说明施工方案出处或计算方法。

其他项目清单与计价汇总表见表3-3-7。

其他项目清单与计价汇总表

表 3-3-7

工程名称：土方工程

第 1 页共 1 页

序号	项目名称	金额（元）	结算金额（元）	备注
1	暂列金额	5827		
2	暂估价			
2.1	专业工程暂估价			
2.2	材料暂估价	—		
3	计日工	900		
4	总承包服务费			
5	材料检验试验费			
6	建筑工程能效测评费			
7	工程变更及现场签证			
8	提前竣工（赶工补偿）			
9	无负荷联合试运转费			
10	停窝工损失费			
11	施工期间未完工程保护费			
12	企业自有工人培训管理费			
13	建筑工人实名制费			
合计		6727	—	

注：材料（工程设备）暂估单价进入清单项目综合单价，此处不汇总。

暂列金额明细表见表3-3-8。

暂列金额明细表

表 3-3-8

工程名称：土方工程

第 1 页共 1 页

序号	项目名称	计量单位	暂定金额（元）	备注
1	暂列金额	元	5827	
合计			5827	—

注：此表由招标人填写，如不能详列，也可只列暂列金额总额，投标人应将上述暂列金额计入投标总价中。

材料（工程设备）暂估单价及调整表见表 3-3-9。

材料（工程设备）暂估单价及调整表　　　　　表 3-3-9

工程名称：土方工程　　　　　　　　　　　　　　　　　　　　　第 1 页共 1 页

| 序号 | 材料（工程设备）名称、规格、型号 | 计量单位 | 数量 | | 暂估（元） | | 确认（元） | | 差额±（元） | | 备注 |
			暂估	确认	单价	合价	单价	合价	单价	合价	
合计											
总合计											

注：此表由招标人填写"暂估单价"，并在备注栏说明暂估价的材料、工程设备拟用在哪些清单项目上，投标人应将上述材料、工程设备暂估单价计入工程量清单综合单价报价中。

专业工程暂估价及结算价表见表 3-3-10。

专业工程暂估价及结算价表　　　　　表 3-3-10

工程名称：土方工程　　　　　　　　　　　　　　　　　　　　　第 1 页共 1 页

序号	工程名称	工程内容	暂估金额（元）	结算金额（元）	差额±（元）	备注
合计						

注：此表"暂估金额"由招标人填写，投标人应将"暂估金额"计入投标总价中。结算时按合同约定结算金额填写。

计日工表见表 3-3-11。

计日工表　　　　　表 3-3-11

工程名称：土方工程　　　　　　　　　　　　　　　　　　　　　第 1 页共 1 页

| 编号 | 项目名称 | 单位 | 暂定数量 | 实际数量 | 综合单价（元） | 合价（元） | |
						暂定	实际
1	人工						
1.1	普工	工日	1		200	200	
1.2	技工	工日	1		300	300	
1.3	高级技工	工日	1		400	400	
人工小计						900	
2	材料						
材料小计							

续表

编号	项目名称	单位	暂定数量	实际数量	综合单价（元）	合价（元）	
						暂定	实际
3	机械						
机械小计							
4.企业管理费和利润							
总计						900	

注：此表项目名称、暂定数量由招标人填写，编制招标控制价时，单价由招标人按有关计价规定确定；投标时，单价由投标人自主报价，按暂定数量计算合价计入投标总价中。结算时，按发承包双方确认的实际数量计算合价。

总承包服务费计价表见表 3-3-12。

总承包服务费计价表　　　　　　　　　　　表 3-3-12

工程名称：土方工程　　　　　　　　　　　　　　　　　　　　　第 1 页共 1 页

序号	项目名称	项目价值（元）	服务内容	计算基础	费率（%）	金额（元）
合计			—		—	—

注：此表项目名称、服务内容由招标人填写，编制招标控制价时，费率及金额由招标人按有关计价规定确定；投标时，费率及金额由投标人自主报价，计入投标总价中。

规费、税金项目计价表见表 3-3-13。

规费、税金项目计价表　　　　　　　　　　表 3-3-13

工程名称：土方工程　　　　　　　　　　　　　　　　　　　　　第 1 页共 1 页

序号	项目名称	计算基础	计算基数	计算费率（%）	金额（元）
1	规费	社会保险费＋住房公积金＋水利建设基金＋环境保护税	2824.74		2824.74
1.1	社会保险费	养老失业保险＋基本医疗保险＋工伤保险＋生育保险	2215.19		2215.19
（1）	养老失业保险	分部分项人工费＋组织措施项目人工费＋技术措施项目人工费＋分部分项人工费调整＋技术措施项目人工费调整	14867.09	10.5	1561.04
（2）	基本医疗保险	分部分项人工费＋组织措施项目人工费＋技术措施项目人工费＋分部分项人工费调整＋技术措施项目人工费调整	14867.09	3.7	550.08
（3）	工伤保险	分部分项人工费＋组织措施项目人工费＋技术措施项目人工费＋分部分项人工费调整＋技术措施项目人工费调整	14867.09	0.4	59.47

序号	项目名称	计算基础	计算基数	计算费率（%）	金额（元）
（4）	生育保险	分部分项人工费＋组织措施项目人工费＋技术措施项目人工费＋分部分项人工费调整＋技术措施项目人工费调整	14867.09	0.3	44.6
1.2	住房公积金	分部分项人工费＋组织措施项目人工费＋技术措施项目人工费＋分部分项 人工费调整＋技术措施项目人工费调整	14867.09	3.7	550.08
1.3	水利建设基金	分部分项人工费＋组织措施项目人工费＋技术措施项目人工费＋分部分项人工费调整＋技术措施项目人工费调整	14867.09	0.4	59.47
1.4	环境保护税				
2	税金	税前工程造价	56991.16	9	5129.2
合计					7953.94

主要材料价格表见表 3-3-14。

主要材料价格表

表 3-3-14

工程名称：土方工程

第 1 页共 1 页

序号	编码	名称	规格	单位	数量	价格（元）	
						单价	合价
1	01030701	镀锌铁丝综合		kg	5	3.43	17.15
2	02330105	草袋		m²	6.38	1.59	10.14
3	03210313	钢钎	$\phi22\sim25$	kg	11.845946	2.92	34.59
4	04030143	砂子中粗砂		m³	0.363799	75.7	27.54
5	04130141	烧结煤矸石普通砖	$240\times115\times53$	千块	0.042033	417.1	17.53
6	05030205	枕木		m³	0.08	1372.8	109.82
7	34110117	水		m³	5.798325	7.4	42.91
合计							259.68

　　限于篇幅，建筑与装饰工程、道路工程、安装工程的单位工程汇总表、分部分项工程和单价措施项目清单与计价表、分部分项工程量清单综合单价分析表、总价措施项目清单与计价表、其他项目清单与计价汇总表和明细表、规费、税金项目计价表等内容请扫描二维码参考学习。

　　可根据工程量清单数字资源，练习编写建筑与装饰工程等工程的已标价工程量清单。

投标报价

实训项目 4

建设工程开标、评标和定标实训

 实训目的

建设工程开标、评标和定标是工程造价、建设工程管理、建设工程监理等专业从事招投标工作需要掌握的重要内容。本部分实训要求学生结合前导课程及招投标部分相关知识，完成建设工程开标、评标和定标实训内容。通过对建设工程开标、评标和定标部分内容的实训，学生能够掌握开标、评标和定标程序以及评标内容，能胜任招标或投标工作岗位。

 知识目标

1. 建设工程开标、评标和定标的基本概念。
2. 建设工程开标、评标和定标的程序。
3. 评标委员会组成、评标标准和评标方法。

 技能目标

1. 能够根据项目背景完成评标内容的编写。
2. 能够根据项目背景模拟完成开标、评标工作。
3. 能够根据投标文件编写一份评标报告，最后定标，并编写中标通知书。

 素养目标

1. 在建设工程开标、评标和定标过程中遵循公开、公平、公正的原则。
2. 在评标过程中，培养学生严谨、细致的学习态度和团队协作意识，增强实操能力，潜移默化提升学生的职业素养。

素养提升拓展案例

实训任务 4.1　建设工程开标

4.1.1　建设工程开标相关知识

1. 开标的概念

开标是指投标人提交投标文件截止后，招标人依据招标文件中所规定的投标人提交投标文件的截止时间和地点，当众对投标文件进行启封，公开宣布投标人的名称、投标价格及投标文件中的其他主要内容的活动。

2. 开标的组织

开标应由招标人或者招标代理人主持开标会议，邀请评标委员会成员、所有投标人、公证部门代表和有关单位代表参加。招标人要事先以各种有效的方式通知投标人参加开标，不得以任何理由拒绝任何一个投标人参加开标，投标人应按时赴约定地点参加开标。投标人法定代表人或授权代理人未参加开标会议视为自动放弃。

3. 开标的时间和地点

开标的时间与提交投标文件截止时间应为同一时间（如某年某月某日某时某分），并应在招标文件中明示。招标人和招标代理机构必须按照招标文件的规定按时开标，不得擅自提前或拖后开标，更不能不开标就进行评标。

开标地点应当为招标文件中预先确定的地点。开标地点可以是招标人的办公地点或指定的其他地点，但应在招标文件中作出明确、具体的规定，以便投标人及有关方按照招标文件规定的开标时间到达开标地点。若当地已建立建设工程交易中心，应在建设工程交易中心举行开标。

如果招标人需要修改开标时间和地点，应以书面形式通知所有招标文件的收受人。

4. 开标的程序

在开标当日且在开标地点签收的投标文件应填写投标文件报送签收一览表；在开标当日前提交的投标文件，招标人应当办理签收手续，由招标人携带至开标现场。开标程序如下：

（1）宣布开标纪律。

（2）公布在投标截止时间前递交投标文件的投标人名称，并点名确认投标人是否派人到场。

（3）宣布开标人、唱标人、记录人、监标人等有关人员姓名。

（4）按照投标人须知前附表规定检查投标文件的密封情况。

（5）按照投标人须知前附表的规定确定并宣布投标文件开标顺序。

（6）按照宣布的开标顺序当众开标，公布投标人名称、标段名称、投标保证金的递交情况、投标报价、质量目标、工期及其他内容，并记录在案（开标记录表见表4-1-1）。

（7）投标人代表、招标人代表、监标人、记录人等有关人员在开标记录上签字确认。

（8）开标结束。

开标后，任何人都不许更改标书内容和报价，也不许再增加优惠条件。投标书经启封后，不得再更改评标和定标的办法。投标人对开标有异议的，应当在开标现场提出，招标人应当当场作出答复。

_____（工程名称） 标段施工开标记录表   表4-1-1

开标时间：__年__月__日__时__分

序号	投标人	密封情况	投标保证金	投标报价（元）	质量目标	工期	备注	签字
□招标控制价								

招标人代表签字：_____ 记录人签字：_____ 监标人签字：_____ __年__月__日

4.1.2 建设工程开标实训任务单

1. 实训目的

本实训项目旨在通过老师合理引导学生熟悉开标准备工作以及开标程序，培养学生拟定开标会议议程以及填写开标记录的能力，以及团队合作能力、沟通能力等。

2. 建议实训方式

选取1~2个工程项目，以真实的工程为实训项目背景，分为招标组和投标组完成实训。实训要与前面的招标以及投标实训相衔接，根据前序实训项目中招标书和投标书编制情况，完成建设工程开标。

3. 建议实训内容

招标组拟定开标会议议程，并主持开标会，最后填写开标记录；投标小组参与开标会，完成开标。具体实训内容范围根据项目背景的不同、学生的情况可以进行不同的要求（各省、自治区、直辖市有相关开标过程格式要求的，实训时可参照）。

4. 提交实训成果

提供给学生相关的项目背景，要求学生完成开标会议议程以及开标过程的记录。

5. 实训进度要求

建议 2 课时。

4.1.3　建设工程开标实例

【案例 4-1-1】×××综合办公楼，计划工期为 400 天，工程质量要求合格。业主委托×××项目管理公司代理施工招标，招标代理公司确定该项目采用公开招标方式招标，评标办法采用综合评标法。项目施工招标信息发布以后，共有 5 家企业参与投标，分别为大成建筑公司、诚亿建筑公司、天宏建筑公司、海正建筑公司、立新建筑公司。投标截止时间为 2023 年 6 月 22 日上午 10：00。经资格预审该 5 家承包商均满足业主要求。5家企业的投标报价以及工期、质量目标见表 4-1-2。

投标企业信息表　　　　　　　　　　　　　　　　表 4-1-2

投标单位	大成	诚亿	天宏	海正	立新	招标控制价
投标报价（万元）	9235	9547	9350	9154	8960	9756
工期（天）	385	390	400	380	370	
质量	合格	合格	合格	合格	合格	

该背景下的开标准备以及开标工作如下：

××××综合办公楼工程项目
开标会议议程

（为了维持会场秩序，请大家暂时关闭手机电源或将手机设为静音，谢谢合作）

尊敬的各位领导、各位来宾：

大家好！××××项目管理有限公司受××××委托，在此举行×××综合办公楼项目开标会议。现在是 2023 年 6 月 22 日上午 10：00，根据本项目招标文件的规定，投标截止时间已到，开标会议正式开始！

（1）会议第一项　介绍参加本次开标会议的单位及人员

招标单位：×××建设有限公司　　　　姓名：××××

监督单位：××××　　　　　　　　　　姓名：××××

参加本项目的投标单位有：

1. 大成建筑公司

2. 诚亿建筑公司

3. 天宏建筑公司

4. 海正建筑公司

5. 立新建筑公司

共 5 家。

我谨代表 ×××× 项目管理有限公司全体员工对各位领导、嘉宾的光临表示衷心的感谢，同时，对参与本次招标活动的各位投标人代表表示热烈的欢迎。

下面介绍今天开评标会议的有关工作人员：

主持人：××   唱标人：××   记录人：××

（2）会议第二项：宣读开标会议纪律

请代理公司宣读开标会议纪律。

（3）会议第三项：检验投标单位授权委托人的有效证件并确认投标文件密封情况

请各投标单位授权委托人将身份证、授权委托书提交到招标人处核验，核验完毕后请各投标人代表相互检查投标文件密封情况，并确认签字。

（4）会议第四项：唱标

按投标文件送达时间的先后顺序开启开标一览表，由唱标员当众宣读开标一览表的主要内容，记录员将上述内容填入开标记录表，并提请投标人代表举手确认，该顺序与评标结果无关。

请各投标人代表仔细核对大屏幕信息，无异议举手确认，有异议当场提出。

（5）会议第五项：开标会议结束

本次开标会议到此结束。请各投标人保持通信工具畅通，以便对评标过程中评委可能出现的质疑进行答复。评标结果将在"中国采购与招标网""×××市招标投标公共服务平台"等网站上进行公示。感谢各位参与，谢谢大家！

项目施工开标记录表见表 4-1-3。

×××综合办公楼 施工开标记录表   表 4-1-3

开标时间：2023 年 6 月 22 日 10 时 0 分

序号	投标人	密封情况	投标保证金	投标报价（元）	质量目标	工期（天）	备注	签字
1	大成建筑公司	√	√	92350000	合格	385	/	×××
2	诚亿建筑公司	√	√	95470000	合格	390	/	×××
3	天宏建筑公司	√	√	93500000	合格	400	/	×××
4	海正建筑公司	√	√	91540000	合格	380	/	×××

续表

序号	投标人	密封情况	投标保证金	投标报价（元）	质量目标	工期（天）	备注	签字
5	立新建筑公司	√	√	89600000	合格	370	/	×××
☑ 招标控制价				9756（万元）				

招标人代表签字：　×××　记录人签字：　×××　监标人签字：×××　2023 年 6 月 22 日

【案例 4-1-2】×××市重点项目拟采购电气安装设备，采用邀请招标方式，并邀请 A、B、C 三家供应商参与投标，不接受联合体投标，并不召开投标预备会，评标方法为经评审最低投标报价法，最高投标限价为 350 万元，预付款为投标价的 25%。投标截止时间为 2023 年 7 月 30 日上午 09：00。工程设备要求见表 4-1-4。

工程设备要求　　　　　　　　　　　　表 4-1-4

序号	设备名称	规格	数量与单位	交货期	交货地点	质量保证期
1	变压器	SCB10 — 1000kVA/10kV/0.4kV	10 台	2024.5.20	×××市×× 街××号	不低于 12 个月
2	稳压器	1N4729A	10 台	2024.5.20	×××市×× 街××号	不低于 12 个月
3	电缆	16mm 铜芯	200m	2024.5.20	×××市×× 街××号	不低于 12 个月

经资格预审该三家供应商均满足要求。三家供应商的投标报价、交货期、质量保证期、近三年类似项目完成情况、发生诉讼或仲裁案件以及预付款情况见表 4-1-5。

投标信息表　　　　　　　　　　　　表 4-1-5

投标单位	A 供应商	B 供应商	C 供应商	最高投标限价
投标报价	325 万元	315 万元	340 万元	
质量保证期	12 个月	18 个月	20 个月	
交货期	2024.5.15	2024.5.10	2024.5.10	
近三年类似项目	3	2	2	345 万元
诉讼或仲裁	1	0	0	
预付款	20%	30%	25%	

该背景下的开标工作见表 4-1-6。

开标记录表 表 4-1-6

开标时间：2023 年 7 月 30 日 9 时 0 分

序号	投标人	密封情况	投标保证金	投标报价（万元）	交货期	备注	投标人代表签名
1	A 供应商	√	√	325	2024.5.15	/	×××
2	B 供应商	√	√	315	2024.5.10	/	×××
3	C 供应商	√	√	340	2024.5.10	/	×××
最高投标限价（万元）				345			

招标人代表签字：××× 记录人签字：××× 监标人签字：××× 2023 年 7 月 30 日

实训任务 4.2　建设工程评标

4.2.1　建设工程评标相关知识

1. 评标的概念

评标是由招标人依法组建的评标委员会，依据招标文件中确定的评标准则和方法，对每个投标人的投标文件进行评价比较，以选出最优投标人并向招标人书面报告评标结果的过程。评标工作是招标工作的关键所在，直接影响到招标人是否能确定最有利的投标。

2. 评标原则

评标委员会根据投标文件所提供的充分有效的证明材料，遵循公开、公平、公正原则，评标合理原则，工期适当原则，尊重业主自主权原则，评标方法科学、合理原则，对投标文件提出的投标报价、工期、质量、企业综合业绩等方面进行打分并计算总分。

若出现两个以上（含两个）投标单位得分相同的情况，由评标委员会再次投票重新排序，并出具由各评标委员签字的书面报告。

3. 评标的步骤

评标工作应按照严格的步骤进行，具体包括如下内容：

（1）评标委员会成员签到。评标委员到达评标现场后在签到表上签到以证明其出席评标。

（2）评标委员会推举一名委员会主任，或招标人直接指定委员会主任，其主要负责评标的领导工作。

（3）在委员会主任的主持下，根据需要可以通过讨论将评标委员会划分为技术组和商务组。

（4）了解招标文件。如招标目标，招标项目范围和性质，主要技术要求，评标标准，评标方法等。

（5）提出需澄清的问题（如有）。提出需澄清的问题需经评标委员会讨论，并经二分之一以上委员同意，方可提出需投标人澄清的问题，需澄清的问题应以书面形式送达投标人。提出澄清书面格式如下：

需澄清的问题

编号：

_____（投标人名称）：

_____（项目名称）_____标段施工招标的评标委员会，对你方的投标文件进行了仔细的审查，现需你方对下列问题以书面形式予以澄清：

1.

2.

……

请将上述问题的澄清于 __年_月_日_ 时前递交至 _____（详细地址）或传真至 _____（传真号码）。采用传真方式的，应在 __年_月_日_ 时前将原件递交至 _____（详细地址）。

评标工作组负责人：_____（签字）

___年_月_日

（6）澄清或说明。对需要文字澄清或说明的问题，投标人应当以书面形式送达评标委员会。澄清或说明书面格式如下：

问题的澄清

编号：

_____（项目名称）_____标段施工招标评标委员会：

问题澄清通知（编号：_____）已收悉，现澄清如下：

1.

2.

……

投标人：_____（盖单位章）

法定代表人或其委托代理人：_____（签字）

年　月　日

（7）评审、确定中标候选人。评标委员会按照招标文件确定的评标标准和方法，对投标文件进行评审，确定中标候选人推荐顺序。

（8）提出评标工作报告。在评标委员会三分之二以上委员同意并签字的情况下，通过评标委员会工作报告，并报告招标人。

4. 评标的内容

评标委员会评审的内容通常分为"两段三审"。两段为初步评审和详细评审。三审指对投标文件进行符合性评审、技术评审和商务评审，一般发生在初步评审阶段。

（1）初步评审

初审指对投标文件进行符合性评审、技术评审和商务评审，以筛选出若干符合投标资格的投标文件。具体内容如下：

1）符合性评审

审查内容如下：

①形式评审。投标文件的格式、内容组成（如投标函、法定代表人身份证明、授权委托书等），是否按照招标文件规定的格式和内容填写；提交的各种证件或证明材料是否齐全、有效和一致（如营业执照、资质证书、相关许可证等）。如有联合体投标，应审查联合体是否提交了联合体投标协议书及投标负责人的授权委托书。若已经进行资格预审的，要审查投标人是否与资格预审名单一致。

②资格评审。对投标人的营业执照、资质证书、组织代码等进行审查。

重大偏差和细微偏差内容

③响应性评审。投标文件是否在实质上响应招标文件的要求，即无实质性偏差（工期、质量、报价、投标保证金等）。所谓实质上响应招标文件的要求，是指其投标文件应该与招标文件的所有条款、条件和规定相符，无显著差异或保留。

投标文件对招标文件实质性要求和条件响应的偏差分为重大偏差与细微偏差两类。

2）技术性评审

技术评审的目标是确认和比较投标人完成招标项目的技术能力以及施工方案的可靠性，具体内容如下：

①施工总体部署。评审布置的合理性，对分阶段实施的项目还应评审各阶段之间的衔接方式是否合适，以及如何避免与其他承包人之间（如有）发生作业干扰。

②技术方案的可行性。包括施工方法和技术措施等。

③施工进度计划的可靠性。包括施工计划是否满足工期要求，保证进度的措施等。

④施工质量保证。包括投标文件中提出的质量控制和管理措施等。

⑤材料和设备。包括规定由承包人提供或采购的材料和设备，是否在质量和性能方面满足设计要求和招标文件中的标准。

⑥技术建议和替代方案。如果招标文件中规定可以提交建议方案，应对投标文件中建议方案的技术可靠性与优缺点进行评估，并与原招标方案进行对比分析。

3）商务评审

商务评审的目的是从成本、财务和经济等方面评审投标报价的准确性、合理性及可靠性等。

投标报价有计算错误的，评标委员会依据相关原则对投标报价中存在的算术错误进行修正，并根据算术错误修正结果计算标价。评标委员会对算术错误的修正应向投标人作书面澄清。投标人对修正结果应予以书面确认。投标人对修正结果有不同意见或未作书面确认的，评标委员会应重新复核修正结果，再次按上述程序分别进行确认、复核。投标人不接受修正价格的，其投标作废标处理。

修正错误的原则是：投标文件中的大写金额和小写金额不一致的，以大写金额为准；总价金额与单价金额不一致的，以单价金额为准，但单价金额小数点有明显错误的除外，正本与副本不一致时，以正本为准。

最后，在初步评审过程中，评标委员会应当就投标文件中不明确的内容要求投标人进行澄清、说明或者补正。投标人应当根据问题澄清通知要求，以书面形式予以澄清、说明或者补正。

投标文件的
澄清、说明或
补正内容

（2）详细评审

只有在初步评审中确定为基本合格的投标文件，才有资格进入详细评审。详细评审是指评标委员会按照招标文件中的评标标准和方法，对投标文件中技术标和商务标进行进一步审查，按照得分从高到低的顺序列出各投标文件的次序。

评标委员会完成评标后，应当向招标人提出书面评标报告，并推荐合格的中标候选人。招标人根据评标委员会提出的书面评标报告和推荐的中标候选人确定中标人，招标人也可以授权评标委员会直接确定中标人。

5. 评标委员会

（1）评标委员会的组成

评标委员会由招标人负责依法组建。由招标人或其委托的招标代理机构熟悉相关业务的代表，以及有关技术、经济等方面的专家组成，成员人数为 5 人以上的单数，其中，技术、经济等方面的专家不得少于成员总数的 2/3。

评标委员会的专家成员应当从依法组建的专家库内的相关专家名单中确定。确定评标专家，可以采用随机抽取或者直接确定的方式。一般项目，可以采取随机抽取的方式；技术特别复杂、专业性要求特别高或者国家有特殊要求的招标项目，采取随机抽取方式确定的专家难以胜任的，可以由招标人直接确定。评标专家抽取通知单见表 4-2-1。

评标委员会成员名单一般应于开标前确定，而且该名单在中标结果确定前应当保密。评标委员会在评标过程中是独立的，任何单位和个人不得非法干预、影响评标过程和结果。

（2）评标委员会成员的要求

评标委员会中的专家成员应符合下列条件：

①从事相关专业领域工作满8年并具有高级职称或者同等专业水平。

②熟悉有关招投标的法律法规，并具有与招标项目相关的实践经验。

③能够认真、公正、诚实、廉洁地履行职责。

有下列情形之一的，不得担任评标委员会成员：

①投标人或者投标人主要负责人的近亲属。

②项目主管部门或者行政监督部门的人员。

③与投标人有经济利益关系，可能影响投标公正评审的。

④曾因在招标、评标以及其他与招标投标有关活动中从事违法行为而受过行政处罚或刑事处罚的。

评标委员会成员有以上情形之一的，应当主动提出回避。

评标专家抽取通知单

表 4-2-1

填表时间：年 月 日

项目名称			
授权抽取人		联系电话	
身份证号		评标时间	预计评标 _____ 天
专家抽取人数	人	建设方	人
抽 取 专 业 及 人 数			
建筑	□规划 ___ 人 □公共工程 ___ 人 □住宅 ___ 人 □工业厂房 ___ 人 □构筑物 ___ 人 □地下工程\人防 ___ 人 □建筑工程 ___ 人 □工民建 ___ 人		
结构	□地基基础与土石方 ___ 人 □混凝土结构工程 ___ 人 □钢结构 ___ 人 □建筑幕墙 ___ 人		
设备	□电梯 ___ 人 □锅炉 ___ 人 □暖通\空调 ___ 人 □机房 ___ 人 □强电 ___ 人 □弱电 ___ 人 □给水排水 ___ 人 □消防 ___ 人 □建筑智能化 ___ 人		
市政	□城市道路\公共广场 ___ 人 □城市桥梁 ___ 人 □城市供水、排水及污水处理 ___ 人 □园林、绿化 ___ 人 □城市燃气或热力 ___ 人 □市政工程 ___ 人		
经济	□造价 ___ 人 □经济 ___ 人 □会计 ___ 人		
服务	□物业 ___ 人 □保险 ___ 人 □医疗 ___ 人 □汽车 ___ 人 □监理 ___ 人		
交通	□公路工程 ___ 人 □隧道 ___ 人 □铁路 ___ 人 □机场 ___ 人		
勘察	□岩土工程 ___ 人 □水文地质 ___ 人 □工程测量 ___ 人		
其他	□煤炭 ___ 人 □化工 ___ 人 □冶金 ___ 人 □石油天然气 ___ 人 □机械材料 ___ 人 □机械设备 ___ 人 □软件 ___ 人 □交通 ___ 人 □轻纺 ___ 人 □水利 ___ 人 □林业 ___ 人 □环保 ___ 人 □家具 ___ 人 □图书 ___ 人 □服装 ___ 人 □计算机 ___ 人 □计算机软件 ___ 人		

续表

需 回 避 专 家 单 位 列 表	
招标单位（盖章）	授权抽取人签字： 年 月 日

6.评标方法

为保证评标的公正和公平性，评标必须按照招标文件规定的评标标准和方法，不得采用招标文件未列明的任何标准和方法，也不得改变招标文件确定的评标标准和方法。建设工程施工招标常用的评标办法包括经评审的最低投标价法和综合评标法。

（1）经评审的最低投标价法

经评审的最低投标价法是指以价格为主要因素确定中标候选人的评标方法，即在全部满足招标文件实质性要求的前提下，经评审的投标价格最低（低于成本除外）的投标人应推荐成为中标候选人的方法。

评标价并非投标价，它是将一些因素（不含投标文件的技术部分）折算为价格，然后再计算其评标价，根据此评标价确定标书的次序，评标价最低的投标人且满足招标文件的实质性要求的，确定为中标候选人。

经评审的最低投标价法一般适用于具有通用技术、性能标准或者招标人对其技术、性能标准没有特殊要求，工期较短，质量、工期、成本受不同施工方案影响较小，工程管理要求一般的施工招标的评标。

【案例 4-2-1】某专用合同条款中，约定计划工期为 600 日历天，预付款为签约合同价的 20%，月工程进度款为月应付款的 90%，保修期为 18 个月。采用经评审的最低投标价法设置评标因素和评标标准见表 4-2-2。

许可偏离项目及范围一览表　　　　　　　　　　　表 4-2-2

序号	折算因素	折算标准
1	工期	在计划工期 600 天基础上，每提前或推后 10 日调增或调减投标报价 5 万元
2	预付款额度	在预付款 20% 额度基础上，每少 1% 调减投标报价 5 万元，每多 1% 调增 10 万元
3	工程进度款	在进度付款 90% 基础上，每少 1% 调减投标报价 2.5 万元，每多 1% 调增 5 万元
4	保修期	在 18 个月的基础上每延长一个月调减 2 万元

如有 A、B、C 三家施工单位进行投标，投标报价分别为 5800 万元、5850 万元、5900 万元，不存在算术性错误，其工期分别为 580、570、550 日历天，预付款额度分别为投标价的 25%、25%、20%，进度款分别为 85%、80%、80%。三家投标单位综合单价均无遗漏项，保修期分别为 18、20、24 个月，分别计算 A、B、C 投标人的评标价。

【解】

A 投标人的评标价为：

5800（万元）–5（万元）/10 日 ×（600–580）日 +10（万元）/1% ×（25%–20%）–2.5（万元）/1% ×（90%–85%）– 2（万元）/月 ×（18–18）月 =5827.5（万元）

B 投标人的评标价为：

5850（万元）–5（万元）/10 日 ×（600–570）日 +10（万元）/1% ×（25%–20%）–2.5（万元）/1% ×（90%–80%）–2（万元）/月 ×（20–18）月 =5856（万元）

C 投标人的评标价为：

5880（万元）–5（万元）/10 日 ×（600–550）日 +10（万元）/1% ×（20%–20%）–2.5（万元）/1% ×（90%–80%）–2（万元）/月 ×（24–18）月 =5818（万元）

（2）综合评标法

综合评标法是指在招标文件中以百分制的形式，确定各评价因素（施工组织设计、项目管理机构、投标报价、企业信誉和业绩等）所占的比例和评分标准，进行综合评审后，在最大限度满足招标文件实质性要求的前提下，评标总分最高的投标人作为中标候选人或中标人的方法，专家打分表见表 4-2-3。

综合评标法一般适用于工程建设规模较大，履约工期较长、技术复杂，工程施工技术管理方案选择性较大，且工程质量、工期、技术、成本受施工技术管理方案影响较大，工程管理要求较高的工程招标项目。

7. 评标报告

评标委员会完成评标后，应当向招标人提交评标报告，内容如下：

（1）基本情况与数据表，见表 4-2-4。

（2）投标人情况，见表 4-2-5。

（3）评标委员会成员名单，见表 4-2-6。

（4）投标文件有效性审核表，见表 4-2-7。

（5）投标人废标情况说明，见表 4-2-8。

（6）施工技术评分汇总表，见表 4-2-9。

（7）商务标总统计表，见表 4-2-10。

（8）技术、商务标汇总表，见表 4-2-11。

（9）其他事项。

评标专家打分表　　　　　　　　　　　　　　表 4-2-3

项目名称	×××													
投标单位	投标报价评分标准	施工组织设计评分标准									项目管理机构评分标准	其他因素评分标准		总分
	满分（××分）	满分（××分）									满分（××分）	满分（××分）		
	×××	×××	×××	××	××	××	××	××	××	××	××	项目部管理人员（××分）	××	××	××	××	
×××														
×××														
××														

评委（签字）：　　　　　　　　　　　　　　　　　　　　　　　　年　　月　　日

基本情况与数据表　　　　　　　　　　　　表 4-2-4

建设单位			
工程名称		建设地点	
工程类别		建设规模	
计划工期	计划＿＿年＿月＿日开工；计划＿＿年＿月＿日竣工		
招标内容	与招标文件一致		
招标方式	□公开招标　　□邀请招标		

投标人情况　　　　　　　　　　　　　　表 4-2-5

序号	投标人名称	技术标		经济标		投标书送达时间	联系人	电话
		正本	副本	正本	副本			

评标委员会成员名单　　　　　　　　　　　表 4-2-6

姓　名	职　称	备　注

投标文件有效性审核表 表 4-2-7

工程项目： 年 月 日

投文件核查项目	投标人名称							
投标是否按照招标文件的要求提供投标保证金								
投标文件是否按照招标文件的要求密封								
投标文件封面或投标文件是否按招标文件要求盖章或签名								
组成联合体投标的投标文件是否附联合投标共同协议								
投标文件是否按照招标文件规定格式填写								
投标文件载明的招标项目完成时间和质量标准是否符合招标文件的要求								
投标文件的关键内容字迹是否模糊无法辩认								
有无分包情况说明								
评标委员会确认签字								
备注								

投标人废标情况说明 表 4-2-8

投标单位名称	
商务标	说 明
技术标	说 明
投标单位名称	
商务标	说 明
技术标	说 明
投标单位名称	
商务标	说 明
技术标	说 明

施工技术标评分汇总表　　　　　　表 4-2-9

序号	投标人	专家编号							技术标总分值	平均分
评委确认签字										

注：本表由记录人填写。如采用去掉一个最高分和最低分方法时请用 * 号注明。

商务标总统计表　　　　　　表 4-2-10

报价评分方法：＿＿＿＿＿＿　　　　招标控制价：＿＿＿＿＿＿

序号	投标人	投标报价（元）	浮动率（%）	商务标分值	备注
评委确认签字					

注：本表由记录人填写。

技术、商务标汇总表　　　　　　表 4-2-11

序号	投标人	技术、商务组定量细评得分		总得分	排序	拟定中标候选人
		技术组评分	商务组评分			
全体评审专家签字：						

招标人对评标结果确认签字：＿＿＿＿＿　　　　　　　　　　　　　＿年＿月＿日

　　评标委员会应在 1~3 人的中标候选人中标明排列顺序。评标报告应由评标委员会全体成员签字，对评标结果持有异议的委员可以书面方式阐述不同意见和理由，若委员拒绝在评标报告上签字且不陈述其不同意见和理由的，视为同意评标结果。评标委员会应该对此作出书面说明并记录在案。

　　评标委员会经评审，认为所有投标都不符合招标文件要求的，可以否决所有投标。依法须进行招标的项目的所有投标被否决的，招标人应当重新招标。

评标委员会可以否决全部投标的情况如下：

（1）所有的投标文件均不符合招标文件的要求。

（2）所有的投标报价与概算相比，均高出招标人接受的水平。

（3）所有的投标人均不合格。

评委否决所有标内容

评标委员在评标时除会遇到否决全部投标情况外，还可能出现废标或无效标情况。

4.2.2 建设工程评标实训任务单

1. 实训目的

本实训项目旨在通过老师合理引导学生熟悉评标准备工作以及评标程序，了解评标的方法，最终完成评标报告，培养学生爱岗敬业的精神。

2. 建议实训方式

选取 1~2 个工程项目，以真实的工程为实训项目背景，分组完成实训。实训要与前面的开标实训项目相衔接，根据前序实训项目中工程开标情况，完成建设工程评标。

3. 建议实训内容

模拟专家团队的组建，完成投标人标书的初步审查和详细审查，并撰写评标报告。具体实训内容范围根据项目背景及学生的情况可以进行不同的要求。

4. 提交实训成果

提供给学生相关的项目背景，要求学生完成评标工作并提交评标报告（各省、自治区、直辖市有相关评标报告格式要求的，实训时可参照）。

5. 实训进度要求

建议 4 课时。

4.2.3 建设工程评标实例

【案例 4-2-2】项目背景与前面的实训案例 4-1-1 相同，该工程采用两阶段评标法评标，评标委员会由 7 名委员组成，评标的具体规定如下：

（1）第一阶段评技术标

技术标共计 60 分，其中施工方案 18 分，施工进度计划与保障措施 6 分，质量计划与质量保证 6 分，环境保证措施 5 分，安全保证措施 5 分，资源需求计划 5 分，项目部管理人员 5 分，企业信誉 5 分，企业业绩 5 分。技术标各项内容的得分，为各评委评分去掉一个最高分和一个最低分后的算术平均数。表 4-2-12 为各承包商施工方案、施工进度计划与保障措施、质量计划与质量保证、环境保证措施、安全保证措施、资源需求计划、项目班子、企业信誉得分汇总表。评审过程中，评标委员会就天宏建筑公司投标文件中有关施工技术作进一步澄清说明。

投标单位相关信息汇总表　　　　　　表 4-2-12

投标单位	施工方案	进度与保障措施	质量与保障措施	环境措施	安全措施	资源需求	项目班子	企业信誉	企业业绩
大成	15.2	5.5	5.5	4.0	4.5	4.0	3.5	4.5	2.0
诚亿	17.5	5.0	5.0	4.2	4.5	4.1	4.0	4.5	3.0
天宏	14.5	4.3	4.5	3.8	4.3	4.5	4.5	3.5	2.0
海正	16.8	6.0	5.5	4.0	4.0	4.7	4.5	4.5	2.0
立新	15.5	5.5	5.0	4.3	4.1	4.2	4.0	4.0	1.0

（2）第二阶段评商务标

商务标共计 40 分，以各投标单位投标报价的均值为基准价，但最高（或最低）报价高于（或低于）次高（或次低）报价的 15% 者，在计算承包商报价算术平均数时不予考虑，且商务标得分为 15 分。以基准价为满分（40 分），报价比基准价每下降 1%，扣 1 分，最多扣 10 分；报价比基准价每增加 1%，扣 2 分，扣分不保底。各单位投标报价见实训任务 4.1 案例部分的表 4-1-2。

因为（9154-8960）/9154=2.12%<15%

（9547-9350）/9350=2.11%<15%

则：基准价 =（9235+9547+9350+9154+8960）/5=9249.2（万元）

评标准备工作及过程如下：

授权委托书

本授权委托书声明：×××，现授权委托我单位的 ×××（身份证号：××××）为我单位委托代理人，并以我单位的名义进行 ××× 综合办公楼项目开标及专家抽取工作。被授权人在工作过程中所签署的一切文件和处理与之有关的一切事务，我单位均予以承认，并承担相应的法律责任。

委托期限：×××× 年 ×× 月 ×× 日至本项目评标工作结束。

代理人无权转委托。

招标单位：××× 建设单位　（盖单位公章）

法定代表人：×××　　（盖章或签字）

被授权人：×××　（签字）

2023 年 6 月 15 日

授权委托书

本授权委托书声明：×××，现授权委托我单位的 ×××（身份证号：×××）为我单位评标专家，并以我单位的名义进行 ×××综合办公楼项目 的评标工作。被授权人在评标过程中所签署的一切文件和处理与之有关的一切事务，我单位均予以承认，并承担相应的法律责任。

委托期限：2023 年 6 月 15 日至本项目评标工作结束。

代理人无权转委托。

招标单位： ×××建设单位 （盖单位公章）

法定代表人： ××× （盖章或签字）

被授权人： ××× （签字）

2023 年 6 月 15 日

评标专家抽取通知单见表 4-2-13。

表 4-2-13

评标专家抽取通知单

填表时间：2023 年 6 月 20 日

项目名称	×××综合办公楼		
授权抽取人	×××	联系电话	××××
身份证号	×××	评标时间	预计评标 1 天
专家抽取人数	6 人	建设方	1 人
抽 取 专 业 及 人 数			
建筑	□规划 ___ 人 □公共工程 ___ 人 □住宅 ___ 人 □工业厂房 ___ 人 □构筑物 ___ 人 □地下工程\人防 ___ 人 ☑建筑工程 3 人 □工民建 ___ 人		

续表

结构	□地基基础与土石方 ___ 人 □混凝土结构工程 ___ 人 □钢结构 ___ 人 □建筑幕墙 ___ 人
设备	□电梯 ___ 人 □锅炉 ___ 人 □暖通\空调 ___ 人 □机房 ___ 人 □强电 ___ 人 □弱电 ___ 人 □给水排水 ___ 人 □消防 ___ 人 ☑建筑智能化 _1_ 人
市政	□城市道路\公共广场 ___ 人 □城市桥梁 ___ 人 □城市供水、排水及污水处理 ___ 人 □园林、绿化 ___ 人 □城市燃气或热力 ___ 人 □市政工程 ___ 人
经济	☑造价 _1_ 人 ☑经济 _1_ 人 □会计 ___ 人
服务	□物业 ___ 人 □保险 ___ 人 □医疗 ___ 人 □汽车 ___ 人 □监理 ___ 人
交通	□公路工程 ___ 人 □隧道 ___ 人 □铁路 ___ 人 □机场 ___ 人
勘察	□岩土工程 ___ 人 □水文地质 ___ 人 □工程测量 ___ 人
其他	□煤炭 ___ 人 □化工 ___ 人 □冶金 ___ 人 □石油天然气 ___ 人 □机械材料 ___ 人 □机械设备 ___ 人 □软件 ___ 人 □交通 ___ 人 □轻纺 ___ 人 □水利 ___ 人 □林业 ___ 人 □环保 ___ 人 □家具 ___ 人 □图书 ___ 人 □服装 ___ 人 □计算机 ___ 人 □计算机软件 ___ 人

需 回 避 专 家 单 位 列 表	
/	/
/	/
/	/
/	/

招标单位（盖章）

授权抽取人签字：×××

2023 年 6 月 20 日

承　诺　书

　　本人作为 ××× 综合办公楼项目招标评标委员会成员，我承诺：在评标过程中，严格遵守《中华人民共和国招标投标法》，坚持"公平、公正、科学、择优"的原则，认真、公正、诚实、廉洁地履行职责，遵守职业道德，遵守评标工作纪律与保密规定，认真负责地做好评标工作。对本人所提出的评审意见承担个人责任。

承诺人（签字）：×××

2023 年 6 月 22 日

×××综合办公楼
评标原则及办法

本办法遵循公平、公正的原则，经评标委员会2023年6月22日讨论通过后生效，在评标、定标过程中不作任何修改。

一、评标依据

1.《中华人民共和国招标投标法》《中华人民共和国招标投标法实施条例》等有关法律、法规有关规定。

2.本次招标项目的招标公告、招标文件。

3.各投标单位的投标文件。

二、评标委员会

1.××××项目管理有限公司依法组建评标委员会（共7人），从××××工程项目管理有限公司评标专家库随机抽取的技术、经济专家共6人。评标委员会设主任委员1人，根据本办法组织评标。

2.评标委员会对各投标单位的评审结果进行排序，出具由各评委签字的书面报告。

三、评标原则

1.评委根据投标单位投标报价、施工组织设计评审、项目管理机构评审、其他因素评审按百分制评标；并按得分由高到低顺序推荐中标候选人。如果出现两个以上（含两个）投标单位得分相同的情况，由评委再次进行无记名投票排序（评委打分小数点后保留1位）。

2.评标委员会将排序前3名作为中标候选人推荐给招标人，中标单位由招标人依法确定。

四、评标办法

详见招标文件。

注：凡涉及人员、业绩及荣誉证书等商务资信方面评分的内容，均需提供原件核验，开标时请携带，无原件在评标时不计分。

评委（签字）：××× ××× ××× ××× ××× ××× ×××

2023年6月22日

项目资格审查一览表见表 4-2-14。

×××综合办公楼项目资格审查一览表　　　　　表 4-2-14

审查标准	审查内容	投标单位				
		大成	诚亿	天宏	海正	立新
形式性评审标准	投标人名称	√	√	√	√	√
	投标函签字盖章	√	√	√	√	√
	投标文件格式	√	√	√	√	√
	报价唯一	√	√	√	√	√
资格性评审标准	营业执照	√	√	√	√	√
	安全生产许可证	√	√	√	√	√
	资质等级	√	√	√	√	√
	财务状况	√	√	√	√	√
	类似项目业绩	√	√	√	√	√
	信誉	√	√	√	√	√
	项目经理	√	√	√	√	√
响应性评审标准	投标内容	√	√	√	√	√
	工期	√	√	√	√	√
	工程质量	√	√	√	√	√
	投标有效期	√	√	√	√	√
	投标保证金	√	√	√	√	√
	权利与义务	√	√	√	√	√
	已标价工程量清单	√	√	√	√	√
	技术标准和要求	√	√	√	√	√
资格审查结果		√	√	√	√	√

注：合格的划"√"，不合格的划"×"，如有说明可在格内备注，有一项不合格即表示资格审查不通过，不得参与评标。

评委（签字）：×××　×××　×××　×××　×××　×××　　　　　2023 年 6 月 22 日

问题澄清

编号：×××

　　　天宏建筑公司　　：

　　　　×××综合办公楼　　施工招标的评标委员会，对你方的投标文件进行了仔细的审查，现需你方对下列问题以书面形式予以澄清：

1. 有关技术方案的详细解释

　　请将上述问题的澄清于　2023　年 6 月 21 日 12：00 时前递交至　×××评标室或传真至　××××　。采用传真方式的，应在 2023　年 6 月 21 日 16：00 时前将原件递交至　×××大厦 10 层 1008 室　。

评标工作组负责人：　×××　（签字）

2022　年 6 月 20 日

问题的澄清

编号：×××

　　　×××综合办公楼　　施工招标评标委员会：

问题澄清通知（编号：　×××　）已收悉，现澄清如下：

1. 关于施工技术……

投标人：　天宏建筑公司　　（盖单位章）

法定代表人或其委托代理人：　×××　（签字）

2022 年 6 月 21 日

评标专家打分表见表 4-2-15。

评标专家打分表　　　　　　　　　　表 4-2-15

项目名称	×××综合办公楼										
投标单位	投标报价评分	施工组织设计评分						项目管理机构评分	其他因素评分		总分
	满分（40分）	满分（45分）						满分（5分）	满分（10分）		
		施工方案（18分）	施工进度计划（6分）	质量计划与质量保证（6分）	环境保证措施（5分）	安全保证措施（5分）	资源需求计划（5分）	项目部管理人员（5分）	企业信誉（5分）	企业业绩（5分）	
大成	39.85	15.2	5.5	5.5	4.0	4.5	4.0	3.5	4.5	2	48.7
诚亿	33.56	17.5	5.0	5.0	4.2	4.5	4.1	4.0	4.5	3	51.8
天宏	37.82	14.5	4.3	4.5	3.8	4.3	4.5	4.5	3.5	2	45.9
海正	38.97	16.8	6.0	5.5	4.0	4.0	4.7	4.0	4.5	2	51.5
立新	36.87	15.5	5.5	5.0	4.3	4.1	4.2	4.0	4.0	1	47.6

评委（签字）：×××　×××　×××　×××　×××　×××　×××　　　　　　　　　　2023 年 6 月 22 日

工程评标报告

（适用于经济标、技术标全明评）

工程名称：×××综合办公楼

_____工程评标委员会

2023 年 6 月 25 日

一、基本情况和数据

工程综合说明见表 4-2-16。

工程综合说明表　　　　　　　　　　表 4-2-16

建设单位		××××建设公司	
工程名称	××综合办公楼	建设地点	××开发区
工程类别	建筑工程	建设规模	—
计划工期	计划 2023 年 9 月 1 日开工；计划 2024 年 10 月 5 日竣工		
招标内容	与招标文件一致		
招标方式	☑公开招标　□邀请招标		
质量标准	合格	标段	

投标人情况见表 4-2-17。

投标人情况表　　　　　　　　　　表 4-2-17

序号	投标人名称	技术标		经济标		投标书送达时间	联系人	电话
		正本	副本	正本	副本			
1	大成建筑公司	1	7	1	7	2023.6.22 9：10 am	×××	×××
2	诚亿建筑公司	1	7	1	7	2023.6.22 9：20 am	×××	×××
3	天宏建筑公司	1	7	1	7	2023.6.22 9：15 am	×××	×××
4	海正建筑公司	1	7	1	7	2023.6.22 9：00 am	×××	×××
5	立新建筑公司	1	7	1	7	2023.6.22 9：40 am	×××	×××

二、评标委员会成员名单（表 4-2-18）。

评标委员会成员名单　　　　　　　　　　表 4-2-18

姓名	职称	备注
×××	高级工程师	评委 评标委员会主任
×××	高级工程师	评委
×××	高级工程师	评委
×××	高级工程师	评委
×××	高级经济师	评委
×××	高级经济师	评委
×××	高级工程师	评委

三、开标记录表（表 4-2-19）。

×××综合办公楼 项目开标记录表　　　　　表 4-2-19

开标时间：2023 年 6 月 22 日 10 时 0 分

序号	投标人	密封情况	投标保证金	投标报价（元）	质量目标	工期（天）	备注	签字
1	大成建筑公司	√	√	92350000	合格	385	/	×××
2	诚亿建筑公司	√	√	95470000	合格	390	/	×××
3	天宏建筑公司	√	√	93500000	合格	400	/	×××
4	海正建筑公司	√	√	91540000	合格	380	/	×××
5	立新建筑公司	√	√	89600000	合格	370	/	×××
	☑ 招标控制价			9756（万元）				

招标人代表签字：　×××　　　记录人签字：　　×××　　　监标人签字：　×××

四、符合要求投标一览

投标文件有效性审核表见表 4-2-20。

投标文件有效性审核表　　　　　表 4-2-20

工程项目：×××综合办公楼　　　　　　　　　　　　　　　　2023 年 6 月 22 日

投文件核查项目	投标人名称				
	大成	诚亿	天宏	海正	立新
投标是否按照招标文件的要求提供投标保证金	√	√	√	√	√
投标文件是否按照招标文件的要求密封	√	√	√	√	√
投标文件封面或投标文件是否按招标文件要求盖章或签名	√	√	√	√	√
组成联合体投标的投标文件是否附联合投标共同协议	/	/	/	/	/
投标文件是否按照招标文件规定格式填写	√	√	√	√	√
投标文件载明的招标项目完成时间和质量标准是否符合招标文件的要求	√	√	√	√	√
投标文件的关键内容字迹是否模糊无法辩认	×	×	×	×	×
有无分包情况说明	/	/	/	/	/
评标委员会确认签字	×××××××	×××××××	×××××××	×××××××	×××××××
备注					

2023 年 6 月 22 日

五、投标人废标情况说明

投标人废标情况说明见表 4-2-21。

投标人废标情况说明表 表 4-2-21

投标单位名称	/
商务标	说明
技术标	说明
投标单位名称	/
商务标	说明
技术标	说明
投标单位名称	/
商务标	说明
技术标	说明

六、评标标准、评标方法（附评分表）见招标文件（此处略）

七、经评审的评分比较一览表

经评审的评分比较一览见表 4-2-22~ 表 4-2-24。

×××综合办公楼 技术标评分汇总表 表 4-2-22

序号	投标人	专家编号							技术标总分值	平均分
		1	2	3	4	5	6	7		
1	大成建筑公司	51.0*	48.6	49.5	48.7	49.5	47.2	46.5*	341	48.7
2	诚亿建筑公司	52.0	53.2*	49.5*	50.5	51.2	52.3	53.0	361.7	51.8
3	天宏建筑公司	48.5*	46.3	47.6	43.3*	45.5	46.5	43.6	321.3	45.9
4	海正建筑公司	51.0	51.6	52.8*	52.0	49.3*	50.4	52.5	359.6	51.5
5	立新建筑公司	48.5	47.2	49.7	44.5*	45.6	49.8*	47.0	328.1	47.6
评委确认签字		××× ××× ××× ××× ××× ××× ×××								

注：本表由记录人填写。如采用去掉一个最高分和最低分方法时请用 * 号注明。

×××综合办公楼 商务标总统计表 表 4-2-23

报价评分方法：报价比基准价每下降1%，扣1分；报价比基准价每增加1%，扣2分　　　招标控制价：9756 万元

序号	投标人	投标报价（万元）	浮动率（%）	商务标分值	备注
1	大成建筑公司	9235	−0.15	39.85	40−1×0.15
2	诚亿建筑公司	9547	+3.22	33.56	40−2×3.22
3	天宏建筑公司	9350	+1.09	37.82	40−2×1.09
4	海正建筑公司	9154	−1.03	38.97	40−1×1.03
5	立新建筑公司	8960	−3.13	36.87	40−1×3.13
评委确认签字		××× ××× ××× ××× ××× ×××			

注：本表由记录人填写。

×××综合办公楼　技术、商务标汇总表　表 4-2-24

序号	投标人	技术、商务组定量细评得分		总得分	排序	拟定中标候选人
		技术组评分	商务组评分			
1	大成建筑公司	48.7	39.85	88.55	2	√
2	诚亿建筑公司	51.8	33.56	85.36	3	√
3	天宏建筑公司	45.9	37.82	83.72	5	
4	海正建筑公司	51.5	38.97	90.47	1	√
5	立新建筑公司	47.6	36.87	84.47	4	
全体评审专家签字		×××　×××　×××　×××　×××　×××				

招标人对评标结果确认签字：　×××　　　　　　　　　　　　　2023 年 6 月 22 日

八、经评审的投标人排序

1. 海正建筑公司

2. 大成建筑公司

3. 诚亿建筑公司

4. 立新建筑公司

5. 天宏建筑公司

九、推荐的中标候选人名单

评标委员会将排序前三名作为中标候选人推荐给招标人，名单如下：

第 1 名：海正建筑公司　得分：90.47 分。

第 2 名：大成建筑公司　得分：88.55 分。

第 3 名：诚亿建筑公司　得分：85.36 分。

中标单位由招标人依法确定。

十、其他事项（此处略）

【**案例 4-2-3**】项目背景与前面实训任务 4.1 案例 4-1-2 相同，该采购项目采用经评审最低报价方法，评标委员会由 5 名委员组成，许可偏离项目及范围一览表见表 4-2-25。

许可偏离项目及范围一览表　表 4-2-25

序号	折算因素	折算标准
1	交货日期	在招标文件中交货日期的基础上，每提前 5 日调减投标报价 5 万元
2	付款条件	在预付款 25% 额度基础上，每少 1% 调减投标报价 1 万元，每多 1% 调增 2 万元
3	质量保证期	在 12 个月的基础上每延长一个月调减 3 万元
4	类似项目完成情况	近三年来每完成类似项目一项，调减 1 万元
5	诉讼和仲裁情况	近三年来每发生诉讼或仲裁纠纷一起，调增 2 万元

A供应商评标价为：

325（万元）-5（万元）/5日×（20-15）日-1（万元）/1%×（25%-20%）-3（万元）/月×（12-12）月-1（万元）/项×3项+2（万元）/起×1起=314（万元）

B供应商评标价为：

315（万元）-5（万元）/5日×（20-10）日+2（万元）/1%×（30%-25%）-3（万元）/月×（18-12）月-1（万元）/项×2项+2（万元）/起×0起=295（万元）

C供应商评标价为：

340（万元）-5（万元）/5日×（20-10）日+2（万元）/1%×（25%-25%）-3（万元）/月×（20-12）月-1（万元）/项×2项+2（万元）/起×0起=304（万元）

评标过程如下（表4-2-26~表4-2-29）：

评标专家抽取通知单

表4-2-26
填表时间：2023年7月29日

项目名称	×××市重点项目设备采购		
授权抽取人	×××	联系电话	××××
身份证号	×××	评标时间	预计评标 __1__ 天
专家抽取人数	4人	建设方	1人
抽 取 专 业 及 人 数			
建筑	□规划 ___人 □公共工程 ___人 □住宅 ___人 □工业厂房 ___人 □构筑物 ___人 □地下工程\人防 ___人 ☑建筑工程 _1_人 □工民建 ___人		
结构	□地基基础与土石方 ___人 □混凝土结构工程 ___人 □钢结构 ___人 □建筑幕墙 ___人		
设备	□电梯 ___人 □锅炉 ___人 □暖通\空调 ___人 □机房 ___人 ☑强电 _1_人 ☑弱电 _1_人 □给水排水 ___人 □消防 ___人 □建筑智能化 ___人		
市政	□城市道路\公共广场 ___人 □城市桥梁 ___人 □城市供水、排水及污水处理 ___人 □园林、绿化 ___人 □城市燃气或热力 ___人 □市政工程 ___人		
经济	□造价 ___人 ☑经济 _1_人 □会计 ___人		
服务	□物业 ___人 □保险 ___人 □医疗 ___人 □汽车 ___人 □监理 ___人		
交通	□公路工程 ___人 □隧道 ___人 □铁路 ___人 □机场 ___人		
勘察	□岩土工程 ___人 □水文地质 ___人 □工程测量 ___人		
其他	□煤炭 ___人 □化工 ___人 □冶金 ___人 □石油天然气 ___人 □机械材料 ___人 □机械设备 ___人 □软件 ___人 □交通 ___人 □轻纺 ___人 □水利 ___人 □林业 ___人 □环保 ___人 □家具 ___人 □图书 ___人 □服装 ___人 □计算机 ___人 □计算机软件 ___人		
需 回 避 专 家 单 位 列 表			
/		/	
/		/	
招标单位（盖章）		授权抽取人签字：××× 2023年7月29日	

×××市重点项目电气设备采购   表 4-2-27
资格审查情况一览表

审查标准	审查内容	投标单位				
		A	B	C		
形式性评审标准	投标人名称	√	√	√		
	投标函签字盖章	√	√	√		
	投标文件格式	√	√	√		
	备选投标方案	√	√	√		
资格性评审标准	营业执照和组织机构代码证	√	√	√		
	资质要求	√	√	√		
	财务要求	√	√	√		
	业绩要求	√	√	√		
	信誉要求	√	√	√		
响应性评审标准	投标内容	√	√	√		
	投标报价	√	√	√		
	交货期	√	√	√		
	交货地点	√	√	√		
	投标有效期	√	√	√		
	投标保证金	√	√	√		
	投标设备及技术服务和质保期服务	√	√	√		
	技术资料支持	√	√	√		
资格审查结果		√	√	√		

注：合格的划"√"，不合格的划"×"，如有说明可在格内备注，有一项不合格即表示资格审查不通过，不得参与评标。

评委（签字）：×××　×××　×××　×××　×××   2023 年 7 月 30 日

成本评审记录表

表 4-2-28

工程名称：×××市重点项目电器设备采购

序号	供应商名称	投标报价	评审价（元）	最高限价（元）	评审价与最高限价比例（%）	所有投标人评审价算术平均值（元）	评审价与所有投标人评审价算术平均值的比例（%）	评审价是否低于最高限价的85%	评审价是否低于所有投标人评审价算术平均值的95%	是否启动最低于成本评审
1	A供应商	325万元	3140000	3450000	91.01	3043333	103.18	否	否	否
2	B供应商	315万元	2950000	3450000	85.51	3043333	96.93	否	否	否
3	C供应商	340万元	3040000	3450000	88.12	3043333	99.89	否	否	否

评标委员会成员签名：×××　×××　×××　×××　×××

2023 年 7 月 30 日

商务标评审汇总表
（经评审的最低投标价法）

表 4-2-29

工程名称：×××市重点项目电器设备采购
最高限价：3450000 元

排名	供应商名称	投标报价（元）	评标价（元）
1	B供应商	3150000	2950000
2	C供应商	3400000	3040000
3	A供应商	3250000	3140000

评标委员会成员签名：×××　×××　×××　×××　×××

2023 年 7 月 30 日

实训任务 4.3　建设工程定标

4.3.1　建设工程定标相关知识

定标也称为决标，即最后决定将合同授予某一个投标人。

1. 定标的原则

根据《招标投标法》规定，中标人的投标应符合下列条件之一：

（1）能够最大限度满足招标文件中规定的各项综合评价标准。

（2）能够满足招标文件的实质性要求，并且经评审的投标价格最低，但是投标价格低于成本的除外。

招标人应当在投标有效期截止时限 30 日前确定中标人。确定中标人前，招标人不得与投标人就投标价格、投标方案等实质性内容进行谈判。

使用国有资金投资或者国家融资的项目，招标人应当确定排名第一的中标候选人为中标人。若排名第一的中标候选人有下列情形之一的，招标人可以确定排名第二的中标候选人为中标人：

（1）自动放弃中标。

（2）因不可抗力提出不能履行合同。

（3）不能按照招标文件要求提交履约保证金。

（4）存在违法行为被有关部门依法查处，且其违法行为影响中标结果的。

排名第二的中标候选人因前款规定的同样原因不能签订合同的，招标人可以确定排名第三的中标候选人为中标人。

2. 中标通知书

中标人确定后，招标人应当在 15 日内向工程所在地的县级以上地方人民政府建设行政主管部门提交施工招标情况的书面报告。建设行政主管部门自收到书面报告之日起 5 日内，未通知招标人在招标活动中有违法行为的，招标人将向中标人发出中标通知书，同时将中标结果通知所有未中标人。

中标通知书的实质内容应当与中标人投标文件的内容相一致。中标通知书对招标人和中标人具有法律效力，若中标通知书发出后，招标人改变中标结果的，或者中标人放弃中标项目的，都应承担法律责任。

中标通知书和中标结果通知书格式如下：

中标通知书

_____（中标人名称）：

你方于_____（投标日期）所递交的_____（项目名称）____标段施工投标文件已被我方接受，被确定为中标人。

中标价：_____元。

工期：_____日历天。

工程质量：符合_____标准。

项目经理：_____（姓名）。

请你方在接到本通知书后的___日内到_____（指定地点）与我方签订施工承包合同，在此之前按招标文件第二章"投标人须知"第 7.3 款规定向我方提交履约担保。

特此通知。

招标人：_____（盖单位章）

法定代表人：_____（签字）

___年___月___日

中标结果通知书

　　_____（未中标人名称）：

　　我方已接受_____（中标人名称）于_____（投标日期）所递交的_____（项目名称）_____标段施工投标文件，确定_____（中标人名称）为中标人。

　　感谢你单位对我们工作的大力支持！

招标人：_____（盖单位章）

法定代表人：_____（签字）

_____年____月____日

4.3.2　建设工程定标实训任务单

1. 实训目的

本实训项目旨在通过老师合理引导学生熟悉建设工程定标的相关知识，完成建设项目定标的相关工作，培养学生编写招投标情况报告的能力，以及团队合作、沟通能力及资料整理能力等。

2. 建议实训方式

选取 1~2 个工程项目，以真实的工程为实训项目背景，分组完成实训。实训要与前面的评标实训项目相衔接，根据前序实训项目中评标结果，完成建设工程定标工作，并发送中标通知书。以小组为单位模拟定标工作，在项目背景下，结合理论知识学习，完成任务单中相关资料的编制任务。

3. 建议实训内容

发送中标通知书，编写招投标情况报告。具体实训内容根据项目背景、学生的情况可以提出不同的要求。

4. 提交实训成果

实训成果：中标通知书，招投标情况报告（各省、自治区、直辖市有相关中标通知书、招投标情况报告格式要求的，实训时可参照）。

5. 实训进度要求

建议 1~2 课时。

4.3.3　建设工程定标实例

项目背景与实训案例 4-1-1 相同。

×××综合办公楼
招投标情况报告

×××建设单位：

×××综合办公楼项目招标，你单位决定采用公开招标，并委托我单位（即×××工程项目管理有限公司），依据《中华人民共和国招标投标法》《中华人民共和国招标投标法实施条例》等有关法律、法规和规章的规定，现将此项目招标总结如下：

一、准备阶段

按照《中华人民共和国招标投标法》《中华人民共和国招标投标法实施条例》和有关招标程序，我单位于 2023 年 4 月 20 日在"中国采购与招标网""×××招标投标公共服务平台"上同时发布了招标公告。

标书出售时间为 2023 年 5 月 5 日至 2023 年 5 月 15 日。在此时间内，共有 5 家投标单位进入编制投标文件阶段。

二、开标

×××综合办公楼项目招标于 2023 年 6 月 22 日 10 时 0 分在×××工程交易所举行开标。参加投标的单位共 5 家：大成建筑公司；诚亿建筑公司；天宏建筑公司；海正建筑公司；立新建筑公司。投标单位授权委托人准时到场，开标后，投标人在开标记录表上签字后退场，进入评标阶段。

三、专家评标

按照《中华人民共和国招标投标法》《中华人民共和国招标投标法实施条例》及有关法律、法规规定，为了保证招标工作在评标过程中的公平、公正，在开标前，由招标单位授权委托人在×××工程项目管理有限公司专家库中随机抽取 6 名专家组成评标委员会，评标委员会在封闭保密的情况下对各投标人进行资格审查，共 5 家单位的投标有效，入围参评，其次对本次评标原则及评标办法进行了认真细致的讨论。

根据评标原则和评标办法，评标委员会对×××综合办公楼项目招标的各投标人进行综合评审，采用分项累计积分，排序前三名作为中标候选人。排序如下：

第 1 名：海正建筑公司　得分：90.47 分；

第 2 名：大成建筑公司　得分：88.55 分；

第 3 名：诚亿建筑公司　得分：85.36 分；

经招标单位依法研究确定排序第 1 名作为中标人。

中标单位：海正建筑公司

以上为×××综合办公楼项目招标、开标、评标、定标全过程。

×××工程项目管理有限公司

2023 年 6 月 23 日

中标通知书

海正建筑公司：

你方于 2023 年 6 月 22 日上午 9：00 时 递交的 ××× 综合办公楼 施工投标文件已被我方接受，被确定为中标人。

中标价： 91540000 元

工　期： 380 日历天

工程质量：符合 工程质量统一验收 标准

项目经理： ×××

请你方在接到本通知书后的 30 日内到 ××× 办公楼 1 号会议室 与我方签订施工承包合同，在此之前按招标文件第二章"投标人须知"第 7.3 款规定向我方提交履约担保。

招标人（盖公章）：××× 建设单位

法定代表人（签字或盖章）：×××

日期：2023 年 7 月 15 日

中标结果通知书

　　<u>　大成建筑公司　</u>：

我方已接受<u>　　海正建筑公司　　</u>于<u>　　　2023 年 6 月 22 日　　</u>所递交的<u>　×××综合办公楼　</u>施工投标文件，确定<u>　海正建筑公司</u>（中标人名称）为中标人。

　　感谢你单位对我们工作的大力支持！

招标人：<u>×××建设公司</u>（盖单位章）

法定代表人：<u>　×××　</u>（签字）

<u>2023</u> 年 <u>7</u> 月 <u>15</u> 日

中标结果通知书

　　<u>　诚亿建筑公司　</u>：

我方已接受<u>　　海正建筑公司　　</u>于<u>　　　2023 年 6 月 22 日　　</u>所递交的<u>　×××综合办公楼　</u>施工投标文件，确定<u>　海正建筑公司</u>（中标人名称）为中标人。

　　感谢你单位对我们工作的大力支持！

招标人：<u>×××建设公司</u>（盖单位章）

法定代表人：<u>　×××　</u>（签字）

<u>2023</u> 年 <u>7</u> 月 <u>15</u> 日

中标结果通知书

　　__天宏建筑公司__ ：

我方已接受____海正建筑公司____于____2023 年 6 月 22 日____所递交的 ____×××综合办公楼____施工投标文件，确定__海正建筑公司__（中标人名称）为中标人。

　　感谢你单位对我们工作的大力支持！

招标人：__×××建设公司__（盖单位章）

法定代表人：__×××__（签字）

__2023__ 年 __7__ 月 __15__ 日

中标结果通知书

　　__立新建筑公司__ ：

我方已接受____海正建筑公司____于____2023 年 6 月 22 日____所递交的 ____×××综合办公楼____施工投标文件，确定__海正建筑公司__（中标人名称）为中标人。

　　感谢你单位对我们工作的大力支持！

招标人：__×××建设公司__（盖单位章）

法定代表人：__×××__（签字）

__2023__ 年 __7__ 月 __15__ 日

本项目背景与实训案例 4–1–2 相同。

中标通知书

B 供应商：

你方于 <u>2023 年 7 月 30 日上午 8：45 时</u> 递交的 <u>×××市重点项目</u> 设备采购招标文件的投标文件已被我方接受，被确定为中标人。

中标价：<u>3150000</u> 元

请你方在接到本通知书后的 <u>30</u> 日内到 <u>×××办公楼 2 号会议室</u> 与我方签订设备采购合同，在此之前按招标文件第二章"投标人须知"第 7.6 款规定向我方提交履约保证金。

招标人（盖公章）：×××市政府办公室

法定代表人（签字或盖章）：×××

日期：2023 年 8 月 15 日

中标结果通知书

  A 供应商 ：

我方已接受 B 供应商 于 2023 年 7 月 30 日 所递交的 ×××市重点项目 设备采购招标的投标文件，确定 B 供应商（中标人名称）为中标人。

感谢你单位对招标项目的参与！

招标人：×××市政府办公室 （盖单位章）

法定代表人： ××× （签字）

2023 年 8 月 15 日

中标结果通知书

  C 供应商 ：

我方已接受 B 供应商 于 2023 年 7 月 30 日 所递交的 ×××市重点项目 设备采购招标的投标文件，确定 B 供应商（中标人名称）为中标人。

感谢你单位对招标项目的参与！

招标人：×××市政府办公室 （盖单位章）

法定代表人： ××× （签字）

2023 年 8 月 15 日

实训项目 5
建设工程施工合同管理实训

 实训目的

建设工程施工合同管理是工程造价、建设工程管理、建设工程监理等专业从事施工合同管理岗位工作需要掌握的重要内容。本部分实训要求学生结合前导课程及招投标部分相关知识，完成建设工程施工合同管理的实训内容。通过对建设工程施工合同管理部分内容的实训，学生能够编制施工合同示范文本中的专用条款，编写工程变更单、编制工程索赔报告，能胜任施工合同管理工作岗位。

 知识目标

1. 《建设工程施工合同（示范文本）》GF-2017-0201 的内容。
2. 建设工程施工合同变更管理。
3. 工程索赔的内容。

 技能目标

1. 能够根据项目背景拟定建设工程施工合同（协议书、专用条款）。
2. 能编制工程变更单。
3. 能编制工程索赔报告。

 素养目标

1. 在施工合同订立、履行过程中树立诚信意识。
2. 在工程索赔过程中，平等、友善地解决问题，培养学生法治意识，养成友善、法治等价值观。

素养提升拓展
案例

实训任务 5.1　建设工程施工合同（示范文本）

5.1.1　《建设工程施工合同（示范文本）》简介

1.《建设工程施工合同（示范文本）》的组成

《建设工程施工合同（示范文本）》GF-2017-0201（以下简称《示范文本》）由合同协议书、通用合同条款和专用合同条款三部分组成。

（1）合同协议书

《示范文本》合同协议书共计 13 条，主要包括：工程概况、合同工期、质量标准、签约合同价和合同价格形式、项目经理、合同文件构成、承诺以及合同生效条件等重要内容，集中约定了合同当事人基本的合同权利义务。

（2）通用合同条款

通用合同条款是合同当事人根据《中华人民共和国建筑法》《中华人民共和国民法典——合同编》等法律法规的规定，就工程建设的实施及相关事项，对合同当事人的权利义务作出的原则性约定。

通用合同条款共计 20 条，具体条款分别为：一般约定、发包人、承包人、监理人、工程质量、安全文明施工与环境保护、工期和进度、材料与设备、试验与检验、变更、价格调整、合同价格、计量与支付、验收和工程试车、竣工结算、缺陷责任与保修、违约、不可抗力、保险、索赔和争议解决。前述条款安排既考虑了现行法律法规对工程建设的有关要求，也考虑了建设工程施工管理的特殊需要。

（3）专用合同条款

专用合同条款是对通用合同条款原则性约定的细化、完善、补充、修改或另行约定的条款。合同当事人可以根据不同建设工程的特点及具体情况，通过双方的谈判、协商对相应的专用合同条款进行修改补充。在使用专用合同条款时，应注意以下事项：

1）专用合同条款的编号应与相应的通用合同条款的编号一致。

2）合同当事人可以通过对专用合同条款的修改，满足具体建设工程的特殊要求，避免直接修改通用合同条款。

3）在专用合同条款中有横道线的地方，合同当事人可针对相应的通用合同条款进行细化、完善、补充、修改或另行约定；如无细化、完善、补充、修改或另行约定，则填写"无"或划"/"。

《示范文本》附件包括以下 11 个材料：

协议书附件：

附件 1：承包人承揽工程项目一览表

专用合同条款附件：

附件 2：发包人供应材料设备一览表

附件 3：工程质量保修书

附件 4：主要建设工程文件目录

附件 5：承包人用于本工程施工的机械设备表

附件 6：承包人主要施工管理人员表

附件 7：分包人主要施工管理人员表

附件 8：履约担保格式

附件 9：预付款担保格式

附件 10：支付担保格式

附件 11：暂估价一览表

附件是对施工合同当事人权利义务的进一步明确，并且使得施工合同当事人对有关工作清晰明了，便于执行和管理。

2.《示范文本》的性质和适用范围

《示范文本》为非强制性使用文本。《示范文本》适用于房屋建筑工程、土木工程、线路管道和设备安装工程、装修工程等建设工程的施工承发包活动，合同当事人可结合建设工程具体情况，根据《示范文本》订立合同，并按照法律法规规定和合同约定承担相应的法律责任及合同权利义务。

3. 建设工程施工合同文件的组成及解释顺序

《示范文本》第一部分规定了建设工程施工合同文件的组成及解释顺序。组成建设工程施工合同的文件包括以下内容：

（1）中标通知书（如果有）。

（2）投标函及其附录（如果有）。

（3）专用合同条款及其附件。

（4）通用合同条款。

（5）技术标准和要求。

（6）图纸。

（7）已标价工程量清单或预算书。

（8）其他合同文件。

在合同订立及履行过程中形成的与合同有关的文件均构成合同文件组成部分。

上述各项合同文件包括合同当事人就该项合同文件所作出的补充和修改，属于同一类内容的文件，应以最新签署的为准。专用合同条款及其附件须经合同当事人签字或盖章。

5.1.2 《建设工程施工合同（示范文本）》实训任务单

1. 实训目的

本实训项目旨在通过老师合理引导学生熟悉《示范文本》，完成合同示范文本编制的准备工作，培养学生编写施工合同示范文本的能力，以及团队合作能力、沟通能力等。

2. 建议实训方式

选取典型工程项目 2~3 个，选用的工程项目类型建议多样化（住宅、办公楼、教学楼、综合商场等），以真实的工程为实训项目背景，分组完成实训。实训要与前序实训项目开标、定标等任务紧密衔接，根据前序实训项目中标企业的实际情况，完成施工合同示范文本的签订。以小组为单位模拟合同履行发生的问题情境，在项目背景下，遵循示范文本的格式要求，结合理论知识学习，完成任务单中相关资料的编制任务。

3. 建议实训内容

拟定《建设工程施工合同（示范文本）》，包括：协议书、专用条款。具体实训内容范围根据项目背景及学生的情况可以提出不同的要求（各省、自治区、直辖市有相关施工合同格式要求的，实训时可参照）。

4. 提交实训成果

提供给学生空白的《建设工程施工合同（示范文本）》GF-2017-0201，完成示范文本的拟定工作，实训成果包括：

（1）合同协议书。

（2）专用合同条款（实训重点）。

5. 实训进度要求

建议 4~8 课时。

5.1.3 《建设工程施工合同（示范文本）》实例

第一部分　合同协议书

发包人（全称）：×××公司×××分公司

承包人（全称）：×××建筑工程有限责任公司

根据《中华人民共和国民法典——合同编》《中华人民共和国建筑法》及有关法律规定，遵循平等、自愿、公平和诚实信用的原则，双方就 ×××公司×××分公司物流中心 工程施工及有关事项协商一致，共同达成如下协议：

一、工程概况

1. 工程名称：<u>×××公司×××分公司物流中心</u>。

2. 工程地点：<u>×××市开发区</u>。

3. 工程立项批准文号：<u>×字办〔2023〕××号</u>。

4. 资金来源：<u>企业自筹</u>。

5. 工程内容：<u>图纸、工程量清单包括的全部内容（两者不一致时，以最终清单控制价为准）</u>。

群体工程应附《承包人承揽工程项目一览表》（附件1）。

6. 工程承包范围：

<u>施工图纸及工程量清单内包含的内容，以发包人提供的工程量清单所含内容为准</u>。

二、合同工期

计划开工日期：<u>2022</u>年<u>9</u>月<u>1</u>日。

计划竣工日期：<u>2023</u>年<u>9</u>月<u>30</u>日。

工期总日历天数：<u>395</u>天。工期总日历天数与根据前述计划开竣工日期计算的工期天数不一致的，以工期总日历天数为准。

三、质量标准

工程质量符合 <u>达到国家验收评定</u> 标准。

四、签约合同价与合同价格形式

1. 签约合同价为：

人民币（大写）<u>肆仟捌佰伍拾陆万壹仟玖佰贰拾柒元伍角柒分</u>（<u>￥48561927.57元</u>）。

其中：

（1）安全文明施工费：

人民币（大写）<u>壹佰贰拾壹万肆仟零肆拾捌元壹角玖分</u>（<u>￥1214048.19元</u>）。

（2）材料和工程设备暂估价金额：

人民币（大写）<u>　/　</u>（￥<u>　/　</u>元）。

（3）专业工程暂估价金额：

人民币（大写）<u>　/　</u>（￥<u>　/　</u>元）。

（4）暂列金额：

人民币（大写）<u>肆佰万元整</u>（<u>￥4000000.00元</u>）。

2. 合同价格形式：<u>固定综合单价</u>。

五、项目经理

承包人项目经理：<u>×××</u>。

六、合同文件构成

本协议书与下列文件一起构成合同文件：

（1）中标通知书（如果有）。

（2）投标函及其附录（如果有）。

（3）专用合同条款及其附件。

（4）通用合同条款。

（5）技术标准和要求。

（6）图纸。

（7）已标价工程量清单或预算书。

（8）其他合同文件。

在合同订立及履行过程中形成的与合同有关的文件均构成合同文件组成部分。

上述各项合同文件包括合同当事人就该项合同文件所作出的补充和修改，属于同一类内容的文件，应以最新签署的为准。专用合同条款及其附件须经合同当事人签字或盖章。

七、承诺

1. 发包人承诺按照法律规定履行项目审批手续、筹集工程建设资金并按照合同约定的期限和方式支付合同价款。

2. 承包人承诺按照法律规定及合同约定组织完成工程施工，确保工程质量和安全，不进行转包及违法分包，并在缺陷责任期及保修期内承担相应的工程维修责任。

3. 发包人和承包人通过招投标形式签订合同的，双方理解并承诺不再就同一工程另行签订与合同实质性内容相背离的协议。

八、词语含义

本协议书中词语含义与第二部分通用合同条款中赋予的含义相同。

九、签订时间

本合同于 2022 年 8 月 3 日签订。

十、签订地点

本合同在 ×××公司×××分公司办公室 签订。

十一、补充协议

合同未尽事宜，合同当事人另行签订补充协议，补充协议是合同的组成部分。

十二、合同生效

本合同自 双方签字并盖章后 生效。

十三、合同份数

本合同一式 四 份，均具有同等法律效力，发包人执 两 份，承包人执 两 份。

发包人：（公章）　　　　　　　　　　　　承包人：（公章）

法定代表人或其委托代理人：　　　　　　　法定代表人或其委托代理人：

（签字）　　　　　　　　　　　　　　　　（签字）

组织机构代码：＿＿＿＿＿　　　　　　　　组织机构代码：＿＿＿＿＿

地　　　址：＿＿＿＿＿　　　　　　　　　地　　　址：＿＿＿＿＿

邮政编码：＿＿＿＿＿　　　　　　　　　　邮政编码：＿＿＿＿＿

法定代表人：＿＿＿＿＿　　　　　　　　　法定代表人：＿＿＿＿＿

委托代理人：＿＿＿＿＿　　　　　　　　　委托代理人：＿＿＿＿＿

电　　话：＿＿＿＿＿　　　　　　　　　　电　　话：＿＿＿＿＿

传　　真：＿＿＿＿＿　　　　　　　　　　传　　真：＿＿＿＿＿

电子邮箱：＿＿＿＿＿　　　　　　　　　　电子邮箱：＿＿＿＿＿

开户银行：＿＿＿＿＿　　　　　　　　　　开户银行：＿＿＿＿＿

账　　号：＿＿＿＿＿　　　　　　　　　　账　　号：＿＿＿＿＿

第二部分　通用合同条款

通用条款内容可扫描二维码查阅。

通用条款内容

第三部分　专用合同条款

1. 一般约定

1.1　词语定义

1.1.1　合同

1.1.1.10　其他合同文件包括：<u>设计变更、补充协议、招标文件、投标文件、技术核定单、有关工程的签证等书面资料</u>。

1.1.2　合同当事人及其他相关方

1.1.2.4　监理人：

名　　称：<u>　×××监理有限公司　</u>。

资质类别和等级：<u>　房屋建筑工程甲级　</u>。

联系电话：<u>　136××××××××　</u>。

电子邮箱：<u>　×××××××@163.com　</u>。

通信地址：<u>××市××区××路××苑4号楼</u>。

1.1.2.5　设计人：

名　　称：<u>　××工程设计有限公司　</u>。

资质类别和等级：　　　　建筑工程专业甲级　　　　。

联系电话：　　　186×××××××××　　　　。

电子邮箱：　×××××××××@qq.com　　　　。

通信地址：　××市××区××路×××　　　　。

1.1.3　工程和设备

1.1.3.7　作为施工现场组成部分的其他场所包括：　　/　　。

1.1.3.9　永久占地包括：　　　依据设计图纸确定　　　。

1.1.3.10　临时占地包括：　　双方在合同履行过程中确定　　。

1.3　法律

适用于合同的其他规范性文件　　　有关工程建设的国家、行业及省市地方规定、办法等　　。

1.4　标准和规范

1.4.1　适用于工程的标准规范包括：　　国家、行业规定的现行标准及××省××市相关的标准、规范　　。

1.4.2　发包人提供国外标准、规范的名称：　　　/　　　。

发包人提供国外标准、规范的份数：　　　　/　　　　。

发包人提供国外标准、规范的名称：　　　　/　　　　。

1.4.3　发包人对工程的技术标准和功能要求的　　　/　　　。

1.5　合同文件的优先顺序

合同文件组成及优先顺序为：（1）合同协议书；（2）补充协议、会议纪要；（3）中标通知书；（4）投标函及其附录；（5）专用合同条款及其附件；（6）通用合同条款；（7）技术标准和要求；（8）图纸；（9）已标价工程量清单或预算书；（10）其他合同文件。

1.6　图纸和承包人文件

1.6.1　图纸的提供

发包人向承包人提供图纸的期限：　　开工前7日内　　。

发包人向承包人提供图纸的数量：　　施工图5套　　。

发包人向承包人提供图纸的内容：　　全套施工图　　。

1.6.4　承包人文件

需要由承包人提供的文件，包括：　　施工总进度计划、月进度计划、施工总平面布置图、施工组织设计、专项施工方案等　　。

承包人提供的文件的期限为：　　进场后一周内或开工前7日　　。

承包人提供的文件的数量为：　　符合监理人要求　　。

承包人提供的文件的形式为：　　符合监理人要求　　。

发包人审批承包人文件的期限：　　执行通用条款　　。

1.6.5 现场图纸准备

关于现场图纸准备的约定：<u>执行通用条款</u>。

1.7 联络

1.7.1 发包人和承包人应当在 3 天内将与合同有关的通知、批准、证明、证书、指示、指令、要求、请求、同意、意见、确定和决定等书面函件送达对方当事人。

1.7.2 发包人接收文件的地点：<u>施工现场办公室</u>。

发包人指定的接收人为：<u>现场代表</u>。

承包人接收文件的地点：<u>本项目经理部</u>。

承包人指定的接收人为：<u>项目经理</u>。

监理人接收文件的地点：<u>总监办公室</u>。

监理人指定的接收人为：<u>总监理工程师</u>。

1.10 交通运输

1.10.1 出入现场的权利

关于出入现场的权利的约定：<u>执行通用条款</u>。

1.10.3 场内交通

关于场外交通和场内交通的边界的约定：<u>本项目施工现场为界</u>。

关于发包人向承包人免费提供满足工程施工需要的场内道路和交通设施的约定：<u>施工场内施工道路由承包人负责建设并承担费用</u>。

1.10.4 超大件和超重件的运输

运输超大件或超重件所需的道路和桥梁临时加固改造费用和其他有关费用由 <u>承包人</u> 承担。

1.11 知识产权

1.11.1 关于发包人提供给承包人的图纸、发包人为实施工程自行编制或委托编制的技术规范以及反映发包人关于合同要求或其他类似性质的文件的著作权的归属：<u>发包人</u>。

关于发包人提供的上述文件的使用限制的要求：<u>执行通用条款</u>。

1.11.2 关于承包人为实施工程所编制文件的著作权的归属：<u>发包人</u>。

关于承包人提供的上述文件的使用限制的要求：<u>执行通用条款</u>。

1.11.4 承包人在施工过程中所采用的专利、专有技术、技术秘密的使用费的承担方式：<u>已包含在签约合同价中</u>。

1.13 工程量清单错误的修正

出现工程量清单错误时，是否调整合同价格：<u>工程量据实调整，综合单价按以下原则确定：(1) 合同中已有适用的综合单价，按合同中已有的综合单价确定；(2) 合同中有类似的综合单价，参照类似的综合单价确定；(3) 合同中没有适用或类似的综合单价，由承包方提出综合单价，经发包人及财政评审中心审定后执行 [承包人提出综合单价的原则</u>

是：执行《××省建筑工程预算定额》《×××省通用安装工程预算定额》（××××）及有关计价文件和省、市工程造价管理部门发布的工程造价信息，结算综合单价按照（中标价/招标控制价）的优惠幅度同比例下浮]_____。

允许调整合同价格的工程量偏差范围：_____因非承包人原因引起的工程量增减，该项工程量变化在 15% 幅度以内的，执行原有的综合单价；该项工程量变化在 15% 幅度以外的，其综合单价和措施项目费予以调整_____。

2. 发包人

2.2 发包人代表

发包人代表：

姓　　名：　×××_____。

身份证号：　　　/_____。

职　　务：　　　/_____。

联系电话：　150××××××××_____。

电子邮箱：　×××××@126.com_____。

通信地址：　　　/_____。

发包人对发包人代表的授权范围如下：_____代表发包人行使发包人职权。涉及停工、复工、索赔及工程变更须经发包方领导批准_____。

2.4 施工现场、施工条件和基础资料的提供

2.4.1 提供施工现场

关于发包人移交施工现场的期限要求：　施工人员进场前完成_____。

2.4.2 提供施工条件

关于发包人应负责提供施工所需要的条件：向承包人提供正常施工所需要的进入施工现场的交通条件_____。

2.5 资金来源证明及支付担保

发包人提供资金来源证明的期限要求：_____无_____。

发包人是否提供支付担保：_____不提供_____。

发包人提供支付担保的形式：_____无_____。

3. 承包人

3.1 承包人的一般义务

（1）承包人提交的竣工资料内容：竣工图 4 套，交工资料 4 套及电子版 U 盘 1 套。

承包人需要提交的竣工资料套数：　4 套_____。

承包人提交的竣工资料的费用承担：　承包人承担_____。

承包人提交的竣工资料移交时间：　工程竣工备案完成后 28 日_____。

承包人提交的竣工资料形式要求：<u>按照通用条款要求向发包人移交竣工资料并及时退场</u>。

（2）承包人应履行的其他义务：<u>由承包人负责施工全过程、周边协调工作，因协调不力造成的工期拖延、工程费用增加等，由承包人负责；协调处理施工现场周围地下管线和邻近建筑物、构筑物、古树名木的保护工作，并承担相关费用；为发包人及监理提供办公生活用房，并配备相应的办公设施，其费用已包含在投标报价中</u>。

3.2　项目经理

3.2.1　项目经理基本信息：

姓　　名：<u>　　　　李××　　　　</u>。

身份证号：<u>　110××××××××××××××××　</u>。

建造师执业资格等级：<u>　一级　</u>。

建造师注册证书号：<u>　京××××××××××　</u>。

建造师执业印章号：<u>　京××××××××××××（00）　</u>。

安全生产考核合格证书号：<u>京建安 B（2021）SZ×××××××</u>。

联系电话：<u>　188×××××××　</u>。

电子邮箱：<u>　××××××××@163.com　</u>。

通信地址：<u>　　　／　　　</u>。

承包人对项目经理的授权范围如下：<u>全权负责本工程的施工、质量、进度控制、安全管理、安全保卫、扬尘防控及相关工作的协调管理</u>。

关于项目经理每月在施工现场的时间要求：<u>必须按发包人的管理规定按时参加考勤管理，考勤按每周不少于 5 个工作日计算。不按规定参加考勤的，发包人可视考勤情况给予一定经济处罚</u>。

承包人未提交劳动合同，以及没有为项目经理缴纳社会保险证明的违约责任：<u>承包人不提交上述文件的，项目经理无权履行职责，发包人有权要求更换项目经理，由此增加的费用和（或）延误的工期由承包人承担</u>。

项目经理未经批准，擅自离开施工现场的违约责任：<u>项目经理离开现场一天以上的必须向总监理工程师和发包人代表书面请假，经批准后方可离开，否则按缺勤处理</u>。

3.2.3　承包人擅自更换项目经理的违约责任：<u>未经发包人同意不得更换，若承包人擅自更换项目经理，发包人可视情况扣除履约保证金或上报行政主管部门给予处罚</u>。

3.2.4　承包人无正当理由拒绝更换项目经理的违约责任：<u>发包人可视情况扣除履约保证金或上报行政主管部门给予处罚</u>。

3.3　承包人人员

3.3.1　承包人提交项目管理机构及施工现场管理人员安排报告的期限：<u>开工前 7 日，并以投标文件中项目机构人员为准</u>。

3.3.3　承包人无正当理由拒绝撤换主要施工管理人员的违约责任：<u>发包人可视情况扣除履约保证金或上报行政主管部门给予处罚</u>。

3.3.4　承包人主要施工管理人员离开施工现场的批准要求：<u>离开现场一天以上的必须向发包人代表书面请假，经批准方可离开</u>。

3.3.5　承包人擅自更换主要施工管理人员的违约责任：<u>未经发包人同意不得更换，若承包人擅自更换主要施工管理人员的，发包人可视情况扣除履约保证金或上报行政主管部门给予处罚</u>。

承包人主要施工管理人员擅自离开施工现场的违约责任：<u>未经批准擅自离开施工现场的，按缺勤处理，给予一定经济处罚</u>。

3.5　分包

3.5.1　分包的一般约定

禁止分包的工程包括：<u>按国家、省、市相关规定执行</u>。

主体结构、关键性工作的范围：<u>按国家、省、市相关规定执行</u>。

3.5.2　分包的确定

允许分包的专业工程包括：<u>按国家、省、市相关规定执行</u>。

其他关于分包的约定：<u>按国家、省、市相关规定执行</u>。

3.5.4　分包合同价款

关于分包合同价款支付的约定：<u>　　　/　　　</u>。

3.6　工程照管与成品、半成品保护

承包人负责照管工程及工程相关的材料、工程设备的起始时间：<u>执行通用条款</u>。

3.7　履约担保

承包人是否提供履约担保：<u>提供</u>。

承包人提供履约担保的形式、金额及期限：提供履约保证金或银行保函、工程担保公司保函：（1）若采用履约保证金时中标通知书发出后7日内从中标人基本账户转至发包人指定账户，履约保证金按工程进度款支付比例退还，工程竣工验收合格后全部退完，若承包人按照发包人要求的工期节点如期完成，视为履约良好，发包人可根据情况提前退还部分履约保证金；（2）若采用银行保函时，中标通知书发出后7日办理完毕，银行保函须为公司开户银行出具的银行保函，履约担保期限为工程开工至工程竣工验收合格之日后60天；（3）履约担保的额度为中标价的10%。

4. 监理人

4.1　监理人的一般规定

关于监理人的监理内容：依据监理合同、设计单位提供的施工图所含内容的施工及保修阶段的监理，包括工程质量控制（隐蔽工程的验收、材料验收等）、进度控制、投资控制（工程量的计算、工程款支付额的初步审核等）、安全管理、扬尘管理、合同管理、信息管理、组织协调、监理竣工资料的整理等 。

关于监理人的监理权限：按照发包人授权及法律规定 。

关于监理人在施工现场的办公场所、生活场所的提供和费用承担的约定：由承包人负责并承担相关费用 。

4.2　监理人员

总监理工程师：

姓　　名：　　张××　　　　　 。

职　　务：　　项目总监　　　 。

监理工程师执业资格证书号：××××××××× 。

联系电话：　130××××××××× 。

电子邮箱：　×××××××@163.com 。

通信地址：　××市××区××路××苑 4 号楼 。

关于监理人的其他约定：　　/　　 。

4.4　商定或确定

在发包人和承包人不能通过协商达成一致意见时，发包人授权监理人对以下事项进行确定：

（1）　　　　/　　　　 。

（2）　　　　/　　　　 。

（3）　　　　/　　　　 。

5. 工程质量

5.1　质量要求

5.1.1　特殊质量标准和要求：　　无　　　 。

关于工程奖项的约定：　　无　　　 。

5.3　隐蔽工程检查

5.3.2　承包人提前通知监理人隐蔽工程检查的期限的约定：执行通用条款 。

监理人不能按时进行检查时，应提前 24 小时提交书面延期要求。

关于延期最长不得超过：48 小时。

6. 安全文明施工与环境保护

6.1　安全文明施工

6.1.1　项目安全生产的达标目标及相应事项的约定：符合《建筑施工安全检查标准》JGJ 59—2011 要求以及国家、省、市有关安全施工的规定，应设置专职安全生产管理人员 。

6.1.4　关于治安保卫的特别约定：承包人应在现场建立治安管理机构，统一管理施工场地的治安保卫事项，履行合同工程的治安保卫职责 。

关于编制施工场地治安管理计划的约定：承包人应在工程开工后 7 日内编制施工场地

治安管理计划，并制定应对突发治安事件的紧急预案。

6.1.5　文明施工

合同当事人对文明施工的要求：现场文明施工及施工、运输车辆应符合××市《扬尘污染防治条例》要求，达到《建设工程施工现场环境与卫生标准》JGJ 146—2013 规定的要求。

6.1.6　关于安全文明施工费支付比例和支付期限的约定：合同签订后，且承包人开工28 日内预付不低于当年施工进度计划的安全文明施工措施费总额的 60%；剩余部分按工程进度款支付比例同期支付。承包人应向发包人提供经监理审查通过的安全文明施工实际投入一览表，并按规定核算、规范使用，不得挤占、挪用。若财政资金不到位，可延期支付，延期支付工程款不视为发包人违约。

7. 工期和进度

7.1　施工组织设计

7.1.1　合同当事人约定的施工组织设计应包括的其他内容：(1) 施工方案及危险性较大的分部分项工程施工方案；(2) 施工现场平面布置图；(3) 施工进度计划和保证措施；(4) 劳动力及材料供应计划；(5) 施工机械设备的选用；(6) 质量保证体系及措施；(7) 安全生产、文明施工措施；(8) 环境保护、成本控制措施；(9) 合同当事人约定的其他内容。

7.1.2　施工组织设计的提交和修改

承包人提交详细施工组织设计的期限的约定：收到施工图纸后，开工前 7 日。

发包人和监理人在收到详细的施工组织设计后确认或提出修改意见的期限：收到后 5日内。

7.2　施工进度计划

7.2.2　施工进度计划的修订

发包人和监理人在收到修订的施工进度计划后确认或提出修改意见的期限：7 日内。

7.3　开工

7.3.1　开工准备

关于承包人提交工程开工报审表的期限：开工前 7 日。

关于发包人应完成的其他开工准备工作及期限：　/　。

关于承包人应完成的其他开工准备工作及期限：　/　。

7.3.2　开工通知

因发包人原因造成监理人未能在计划开工日期之日起 90 天内发出开工通知的，承包人有权提出价格调整要求，或者解除合同。

7.4　测量放线

7.4.1　发包人通过监理人向承包人提供测量基准点、基准线和水准点及其书面资料的期限：委托设计单位向承包人对接。

7.5　工期延误

7.5.1　因发包人原因导致工期延误

因发包人原因导致工期延误的其他情形：（1）发包人未能按约定提供图纸及开工条件；（2）出现重大技术或施工问题无法立即解决而导致延期较长的；（3）由发包人造成的延误；（4）经发包人、监理工程师同意工期顺延的其他情况　。

7.5.2　因承包人原因导致工期延误

因承包人原因造成工期延误，逾期竣工违约金的计算方法为：因承包人原因造成工期延误 7 天以内，每天给予 5000 元罚款；因承包人原因造成工期延误 7 天以上，每天给予合同金额千分之三的罚款直至发包人解除施工合同。承包人支付逾期竣工违约金后，不免除承包人继续完成工程及修补缺陷的义务　。

因承包人原因造成工期延误，逾期竣工违约金的上限：不超过履约保证金　。

7.6　不利物质条件

不利物质条件的其他情形和有关约定：承包人因采取合理措施而增加的费用和延误的工期由发包人承担，承包人因遭遇不利物质条件造成的设备损坏、人员伤亡损失由承包人自行承担　。

7.7　异常恶劣的气候条件

发包人和承包人同意以下情形视为异常恶劣的气候条件：

（1）7 级以上地震　。

（2）中雨以上级别 5 天以上连续降雨　。

（3）十级以上台风及其他承包人不能预见、不可避免并不能克服的客观情况　。

7.9　提前竣工的奖励

7.9.2　提前竣工的奖励：　无　。

8. 材料与设备

8.4　材料与工程设备的保管与使用

8.4.1　发包人供应的材料设备的保管费用的承担：　无　。

8.6　样品

8.6.1　样品的报送与封存

需要承包人报送样品的材料或工程设备，样品的种类、名称、规格、数量要求：承包人采购的主要材料购置前须得到发包方和监理方的认可，使用前须按规定检验，确保能满足工程需要和设计要求　。

8.8　施工设备和临时设施

8.8.1　承包人提供的施工设备和临时设施

关于修建临时设施费用承担的约定：承包人承担　。

9. 试验与检验

9.1 试验设备与试验人员

9.1.2 试验设备

施工现场需要配置的试验场所：_____按有关规定执行_____。

施工现场需要配备的试验设备：_____按有关规定执行_____。

施工现场需要具备的其他试验条件：_____按有关规定执行_____。

9.4 现场工艺试验

现场工艺试验的有关约定：_____/_____。

10. 变更

10.1 变更的范围

关于变更的范围的约定：现场签证、设计变更据实调整。调整原则：（1）施工中发包人需对原工程设计进行变更，一般情况应提前 3 天（重大变更提前 10 天）以书面形式向承包人发出变更通知。变更超过原设计标准或批准的建设规模时，由原设计单位提供变更的相应图纸和说明；（2）施工中承包人不得擅自对原工程设计进行变更。因承包人擅自变更设计发生的费用和由此导致发包人的直接损失，由承包人承担，延误的工期不予顺延；（3）承包人在施工中提出的合理化建议涉及对设计图纸或施工组织设计的更改及对材料、设备的换用，须经发包人同意。未经同意擅自更改或换用时，承包人承担由此发生的费用，并赔偿发包人的有关损失，延误的工期不予顺延；（4）关于冬雨季施工费、二次搬运费、夜间施工费的约定：冬雨季施工费、二次搬运费、夜间施工费根据现场情况具体调整，上述三项费用均不得超过承包人已标价的工程量清单中这三项费用的投标价。

10.4 变更估价

10.4.1 变更估价原则

关于变更估价的约定：_____参照合同专用条款第 1.13 条执行_____。

10.5 承包人的合理化建议

监理人审查承包人合理化建议的期限：_____/_____。

发包人审批承包人合理化建议的期限：_____/_____。

承包人提出的合理化建议降低了合同价格或者提高了工程经济效益的奖励方法和金额为：_____/_____。

10.7 暂估价

暂估价材料和工程设备的明细详见附件 11：《暂估价一览表》。

10.7.1 依法必须招标的暂估价项目

对于依法必须招标的暂估价项目的确认和批准采取第 1 种方式确定。

10.7.2 不属于依法必须招标的暂估价项目

对于不属于依法必须招标的暂估价项目的确认和批准采取第　1　种方式确定。

第 3 种方式：承包人直接实施的暂估价项目

承包人直接实施的暂估价项目的约定：＿＿＿＿/＿＿＿＿。

10.8　暂列金额

合同当事人关于暂列金额使用的约定：由发包人掌握使用的一笔款项，对于工程建设过程中可能出现的费用增加而预先预留的费用，此费用主要用于工程变更增加、人工及材料设备费用的调增以及其他不可预测费用的增加。

11. 价格调整

11.1　市场价格波动引起的调整

市场价格波动是否调整合同价格的约定：人工单价发生变化且符合省级或行业建设主管部门发布的人工费调整规定，按省级或行业建设主管部门或其授权的工程造价管理机构发布的人工费等文件调整合同价格。合同履行期间，投标书中所报的混凝土、预拌砂浆、水泥、砂石、砖、管道、钢筋材料因市场价格波动超过双方约定的范围时，合同价格予以调整。除上述约定调整外，其他市场价格波动不予调整合同价格。

因市场价格波动调整合同价格，采用以下第　2　种方式对合同价格进行调整：

第 1 种方式：采用价格指数进行价格调整。

关于各可调因子、定值和变值权重，以及基本价格指数及其来源的约定：＿＿＿/＿＿＿。

第 2 种方式：采用造价信息进行价格调整。

（2）关于基准价格的约定：发包人在招标控制价中给定的材料及设备的价格。

专用合同条款：

①承包人在已标价工程量清单或预算书中载明的材料单价低于基准价格的：专用合同条款合同履行期间材料单价涨幅以基准价格为基础超过　5％时，或材料单价跌幅以已标价工程量清单或预算书中载明材料单价为基础超过 5％时，其超过部分据实调整。

②承包人在已标价工程量清单或预算书中载明的材料单价高于基准价格的：专用合同条款合同履行期间材料单价跌幅以基准价格为基础超过　5％时，材料单价涨幅以已标价工程量清单或预算书中载明材料单价为基础超过 5％时，其超过部分据实调整。

③承包人在已标价工程量清单或预算书中载明的材料单价等于基准单价的：专用合同条款合同履行期间材料单价涨跌幅以基准单价为基础超过 ±　5％时，其超过部分据实调整。

第 3 种方式：其他价格调整方式：＿＿无＿＿。

12. 合同价格、计量与支付

12.1　合同价格形式

（1）单价合同

综合单价包含的风险范围：①材料价格波动未达到调整幅度要求；②施工管理不当带来的人工、机械的窝工，材料使用不当带来的材料浪费等；③管理不善带来的管理费超支；④经营不善使得经济效益下降；⑤应由承包人承担的风险　。

风险费用的计算方法：＿＿＿＿/＿＿＿。

风险范围以外合同价格的调整方法：①材料价格调整按照合同专用条款第11.1条约定进行调整，材料价格调整依据为××市发布的施工同期材料价格信息；②人工费按省级或行业建设主管部门发布的人工费调整规定进行调整；③由于承包方原因造成工期延误时，人工费、材料费不予调整　。

（2）总价合同

总价包含的风险范围：＿＿＿/＿＿＿。

风险费用的计算方法：＿＿＿/＿＿＿。

风险范围以外合同价格的调整方法：＿＿＿/＿＿＿。

（3）其他价格方式：＿＿＿/＿＿＿。

12.2　预付款

12.2.1　预付款的支付

预付款支付比例或金额：合同价款的5%　。

预付款支付期限：＿承包人完成临时设施搭设及施工场地的平面布置及相关开工前准备工作并验收合格后，并且提供相关准备资料后7日内支付　。

预付款扣回的方式：当完成工程量达到合同价的30%后，按每月进度款的30%额度扣回，至工程进度90%时全部扣完　。

12.2.2　预付款担保

承包人提交预付款担保的期限：＿＿＿/＿＿＿。

预付款担保的形式为：＿＿＿/＿＿＿。

12.3　计量

12.3.1　计量原则

工程量计算规则：按照国家规范执行　。

12.3.2　计量周期

关于计量周期的约定：同支付节点周期　。

12.3.3　单价合同的计量

关于单价合同计量的约定：执行通用条款　。

12.3.4　总价合同的计量

关于总价合同计量的约定：＿＿＿/＿＿＿。

12.3.5　总价合同采用支付分解表计量支付的，是否适用第12.3.4项（总价合同的计量）约定进行计量：＿＿＿/＿＿＿。

12.3.6　其他价格形式合同的计量

其他价格形式的计量方式和程序：＿＿＿/＿＿＿。

12.4　工程进度款支付

12.4.1　付款周期

关于付款周期的约定：　工程进度款每月申请一次，每次按完成合同内工作量的 90% 支付进度款，工程竣工验收合格后支付至合同价的 90%（不含暂列金额费用），经发包人审核审定后支付至结算价的 97%（若该工程需要进行审计，则以审计结果作为结算价），留合同价的 3% 作为质量保证金，质量缺陷责任期结束后两周内一次性支付完成（无息）。延期付工程款视为发包人违约　。

12.4.2　进度付款申请单的编制

关于进度付款申请单编制的约定：　执行通用条款　。

12.4.3　进度付款申请单的提交

（1）单价合同进度付款申请单提交的约定：　执行通用条款　。

（2）总价合同进度付款申请单提交的约定：＿＿＿/＿＿＿。

（3）其他价格形式合同进度付款申请单提交的约定：＿/＿。

12.4.4　进度款审核和支付

（1）监理人审查并报送发包人的期限：　收到相关资料后 7 天内　。

发包人完成审批并签发进度款支付证书的期限：收到相关资料后 7 天内　。

（2）发包人支付进度款的期限：应在进度款支付证书签发后 14 日内完成　。

发包人逾期支付进度款的违约金的计算方式：　不支付违约金　。

12.4.6　支付分解表的编制

（1）总价合同支付分解表的编制与审批：＿＿/＿＿。

（2）单价合同的总价项目支付分解表的编制与审批：　/　。

13. 验收和工程试车

13.1　分部分项工程验收

13.1.2　监理人不能按时进行验收时，应提前　24　小时提交书面延期要求。

关于延期最长不得超过：　48　小时。

13.2　竣工验收

13.2.2　竣工验收程序

关于竣工验收程序的约定：　执行通用条款　。

发包人不按照本项约定组织竣工验收、颁发工程接收证书的违约金的计算方法：　不支付违约金　。

13.2.5　移交、接收全部与部分工程

承包人向发包人移交工程的期限：　执行通用条款　。

发包人未按本合同约定接收全部或部分工程的，违约金的计算方法为：不支付违约金　。

承包人未按时移交工程的，违约金的计算方法为：执行通用条款　。

13.3 工程试车

13.3.1 试车程序

工程试车内容：__执行通用条款__。

（1）单机无负荷试车费用由___承包人___承担。

（2）无负荷联动试车费用由___承包人___承担。

13.3.3 投料试车

关于投料试车相关事项的约定：___/___。

13.6 竣工退场

13.6.1 竣工退场期限

承包人完成竣工退场的期限：___/___。

14. 竣工结算

14.1 竣工结算申请

承包人提交竣工结算申请单的期限：__执行通用条款__。

竣工结算申请单应包括的内容：__执行通用条款__。

14.2 竣工结算审核

发包人审批竣工付款申请单的期限：__收到监理人提交的经审核的竣工结算申请单后 60 日内__。

发包人完成竣工付款的期限：___签发竣工付款证书后 30 日内___。

关于竣工付款证书异议部分复核的方式和程序：__执行通用条款__。

14.4 最终结清

14.1 最终结清申请单

承包人提交最终结清申请单的份数：___捌份___。

承包人提交最终结算申请单的期限：___双方约定___。

14.2 最终结清证书和支付

（1）发包人完成最终结清申请单的审批并颁发最终结清证书的期限：___/___。

（2）发包人完成支付的期限：___/___。

15. 缺陷责任期与保修

15.1 缺陷责任期

缺陷责任期的具体期限：___24 个月___。

15.3 质量保证金

关于是否扣留质量保证金的约定：__扣留质量保证金__。在工程项目竣工前，承包人按专用合同条款第 3.7 条提供履约担保的，发包人不得同时预留工程质量保证金。

15.3.1 承包人提供质量保证金的方式

质量保证金采用以下第__2__种方式：

（1）质量保证金保函，保证金额为：＿＿＿＿／＿＿＿＿。

（2）＿3＿％的工程款。

（3）其他方式：＿＿＿＿／＿＿＿＿。

15.3.2 质量保证金的扣留

质量保证金的扣留采取以下第＿2＿种方式：

（1）在支付工程进度款时逐次扣留，在此情形下，质量保证金的计算基数不包括预付款的支付、扣回以及价格调整的金额。

（2）工程竣工结算时一次性扣留质量保证金。

（3）其他扣留方式：＿＿／＿＿。

关于质量保证金的补充约定：＿＿＿／＿＿＿。

15.4 保修

15.4.1 保修责任

工程保修期为：保修期为 2 年，自交付使用之日起计算。

15.4.3 修复通知

承包人收到保修通知并到达工程现场的合理时间：24 小时。

16. 违约

16.1 发包人违约

16.1.1 发包人违约的情形

发包人违约的其他情形：＿＿＿／＿＿＿。

16.1.2 发包人违约的责任

发包人违约责任的承担方式和计算方法：

（1）因发包人原因未能在计划开工日期前 7 天内下达开工通知的违约责任：工期相应顺延，以下达开工通知为准。

（2）因发包人原因未能按合同约定支付合同价款的违约责任：＿＿／＿＿。

（3）发包人违反第 10.1 款（变更的范围）第（2）项约定，自行实施被取消的工作或转由他人实施的违约责任：＿＿／＿＿。

（4）发包人提供的材料、工程设备的规格、数量或质量不符合合同约定，或因发包人原因导致交货日期延误或交货地点变更等情况的违约责任：赔偿承包人相应损失，工期相应顺延。

（5）因发包人违反合同约定造成暂停施工的违约责任：仅工期相应顺延。

（6）发包人无正当理由没有在约定期限内发出复工指示，导致承包人无法复工的违约责任：仅工期相应顺延。

（7）其他：＿＿／＿＿。

16.1.3 因发包人违约解除合同

承包人按 16.1.1 项（发包人违约的情形）约定暂停施工满 ＿＿＿ 天后发包人仍不纠正其违约行为并致使合同目的不能实现的，承包人有权解除合同。

16.2 承包人违约

16.2.1 承包人违约的情形

承包人违约的其他情形：（1）因承包人原因不能按照协议约定的竣工日期或发包方同意顺延的工期竣工的；（2）因承包人原因工程质量达不到设计要求或国家标准的；（3）承包人违约后，发包方要求违约方继续履行合同时，承包方应在承担违约责任后继续履行合同而不履行的。

16.2.2 承包人违约的责任

承包人违约责任的承担方式和计算方法：承包人承担违约责任的，赔偿因其违约给发包人造成的实际损失。

16.2.3 因承包人违约解除合同

关于承包人违约解除合同的特别约定：／。

发包人继续使用承包人在施工现场的材料、设备、临时工程、承包人文件和由承包人或以其名义编制的其他文件的费用承担方式：不承担。

17. 不可抗力

17.1 不可抗力的确认

除通用合同条款约定的不可抗力事件之外，视为不可抗力的其他情形：／。

17.4 因不可抗力解除合同

合同解除后，发包人应在商定或确定发包人应支付款项后 30 天内完成款项的支付。

18. 保险

18.1 工程保险

关于工程保险的特别约定：经营状况严重恶化，不能履行施工合同约定的职责，工期严重滞后。

18.3 其他保险

关于其他保险的约定：／。

承包人是否应为其施工设备等办理财产保险：／。

18.7 通知义务

关于变更保险合同时的通知义务的约定：＿＿＿。

20. 争议解决

20.3 争议评审

合同当事人是否同意将工程争议提交争议评审小组决定：＿＿＿。

20.3.1 争议评审小组的确定

争议评审小组成员的确定：／。

选定争议评审员的期限：＿＿＿／＿＿＿。

争议评审小组成员的报酬承担方式：＿＿＿／＿＿＿。

其他事项的约定：＿＿＿／＿＿＿。

20.3.2　争议评审小组的决定

合同当事人关于本项的约定：＿＿／＿＿。

20.4　仲裁或诉讼

因合同及合同有关事项发生的争议，按下列第＿2＿种方式解决：

（1）向＿＿＿／＿＿＿仲裁委员会申请仲裁。

（2）向＿××市××区＿人民法院起诉。

实训任务 5.2　工程变更单

5.2.1　建设工程施工合同变更管理

施工过程中出现的变更包括监理人指示的变更和承包人申请的变更两类。监理人可按通用条款约定的变更程序向承包人作出变更指示，承包人应遵照执行。没有监理人的变更指示，承包人不得擅自变更。

1. 变更的范围和内容

标准施工合同通用条款规定的变更范围包括：

（1）取消合同中任何一项工作，但被取消的工作不能转由发包人或其他人实施。

（2）改变合同中任何一项工作的质量或其他特性。

（3）改变合同工程的基线、标高、位置或尺寸。

（4）改变合同中任何一项工作的施工时间或改变已批准的施工工艺或顺序。

（5）为完成工程需要追加的额外工作。

2. 监理人指示变更

监理人根据工程施工的实际需要或发包人要求实施的变更，可以进一步划分为直接指示的变更和通过与承包人协商后确定的变更两种情况。

（1）直接指示的变更

直接指示的变更属于必须实施的变更，如按照发包人的要求提高质量标准、设计错误需要进行的设计修改、协调施工中的交叉干扰等情况。此时不需征求承包人意见，监理人经过发包人同意后发出变更指示要求承包人完成变更工作。

（2）与承包人协商后确定的变更

此类情况属于可能发生的变更，与承包人协商后再确定是否实施变更，如增加承包范围外的某项新增工作或改变合同文件中的要求等。

1）监理人首先向承包人发出变更意向书，说明变更的具体内容、完成变更的时间要求等，并附必要的图纸和相关资料。

2）承包人收到监理人的变更意向书后，如果同意实施变更，则向监理人提出书面变更建议。建议书的内容包括拟实施变更工作的计划、措施、竣工时间等内容的实施方案以及费用和（或）工期要求。若承包人收到监理人的变更意向书后认为难以实施此项变更，也应立即通知监理人，说明原因并附详细依据。如不具备实施变更项目的施工资质、无相应的施工机具等原因或其他理由。

3）监理人审查承包人的建议书。如果承包人根据变更意向书要求提交的变更实施方案可行并经发包人同意后，监理人发出变更指示。如果承包人不同意变更，监理人与承包人和发包人协商后确定撤销、改变或不改变变更意向书。

3. 承包人申请变更

承包人提出的变更可能涉及建议变更和要求变更两类。

（1）承包人建议的变更

承包人对发包人提供的图纸、技术要求以及其他方面，提出了可能降低合同价格、缩短工期或者提高工程经济效益的合理化建议，均应以书面形式提交监理人。合理化建议书的内容应包括建议工作的详细说明、进度计划和效益以及与其他工作的协调等，并附必要的设计文件。

监理人与发包人协商是否采纳承包人提出的建议。建议被采纳并构成变更的，监理人向承包人发出变更指示。

承包人提出的合理化建议使发包人获得了降低工程造价、缩短工期、提高工程运行效益等实际利益，应按专用合同条款中的约定给予奖励。

（2）承包人要求的变更

承包人收到监理人按合同约定发出的图纸和文件，经检查认为其中存在属于变更范围的情形，如提高了工程质量标准、增加工作内容、工程的位置或尺寸发生变化等，可向监理人提出书面变更建议。变更建议应阐明要求变更的依据，并附必要的图纸和说明。

监理人收到承包人的书面建议后，应与发包人共同研究，确认存在变更的，应在收到承包人书面建议后的 14 天内作出变更指示。经研究后不同意作为变更的，由监理人书面答复承包人。

4. 变更估价

（1）变更估价的程序

承包人应在收到变更指示或变更意向书后 14 天内，向监理人提交变更报价书，详细列出变更工作的价格组成及其依据，并附必要的施工方法说明和有关图纸。变更工作如果影响工期，承包人应提出调整工期的具体细节。

监理人收到承包人变更报价书后的 14 天内，根据合同约定的估价原则，商定或确定变更价格。

（2）变更的估价原则

1）已标价工程量清单中有适用于变更工作的子目，采用该子目的单价计算变更费用。

2）已标价工程量清单中无适用于变更工作的子目，但有类似子目，可在合理范围内参照类似子目的单价，由监理人商定或确定变更工作的单价。

3）已标价工程量清单中无适用或类似子目的单价，可按照成本加利润的原则，由监理人商定或确定变更工作的单价。

5.2.2　工程变更单实训任务单

1. 实训目的

本实训项目旨在通过老师合理引导学生熟悉工程变更管理相关知识，完成工程变更单编制的准备工作，培养学生编写工程变更单的能力，以及团队合作、沟通能力及资料整理能力等。

2. 建议实训方式

选取典型工程项目 3~5 个，选用的工程项目类型建议多样化（住宅、办公楼、教学楼、综合商场等），以真实的工程为实训项目背景，分组完成实训。实训要与前序实训项目建设工程施工合同（示范文本）的任务紧密衔接，根据前序实训项目中专用条款关于工程变更的相关约定，完成工程变更单的编写。以小组为单位模拟合同履行发生的变更问题情境，在项目背景下，结合理论知识学习，完成任务单中相关资料的编制任务。

3. 建议实训内容

编写工程变更单。具体实训内容根据项目背景及学生的情况可以进行不同的要求（各省、自治区、直辖市有相关工程变更单格式要求的，实训时可参照）。

4. 提交实训成果

提供给学生空白的工程变更单，完成工程变更单的编写工作。

实训成果：工程变更单。

5. 实训进度要求

建议 1~2 课时。

5.2.3　工程变更单实例

工程变更单见表 5-2-1。

工程变更单 表 5-2-1

工程名称：×× 公司 ×× 煤矿工业场地围墙 编号：01

致：监理单位、施工单位、设计单位
由于 ＿甲方＿ 原因，兹提出工业场地围墙修改。＿＿＿＿＿＿＿＿＿
附件：
1. 围墙平面布置执行 S1717-446-1 平面布置图。
2. 围墙施工方法：参照 S1717-459-01 工业场地挡护工程图，挡土墙及栏墙结构图（标准图集）2—2 断面施工。
墙高：工业场地西侧排洪沟至 C 点围墙高度由 1100mm 加高为 1500mm；C 点至工业场地大门区段，一般高度都为原设计 1100mm，但墙顶到场外公路路面高度小于 2500mm 时，增加墙身高度为 2500mm。
3. 伸缩缝的设置根据挡墙错台实际情况留设，最大长度不大于 30m。
4. 其他按原设计施工。

提出单位（章）：＿＿＿＿＿＿

提出单位负责人：＿＿＿＿＿＿

日　　　期：＿＿＿＿＿＿

审查意见：

建设单位（章）	设计单位（章）	项目监理机构（章）	承包单位（章）
代表签字：	代表签字：·	代表签字：	代表签字：
日期：＿＿＿	日期：＿＿＿	日期：＿＿＿	日期：＿＿＿

实训任务 5.3　工程索赔报告

5.3.1　《标准施工招标文件》中承包人的索赔事件及可补偿内容

　　《标准施工招标文件》的通用条款中，按照引起索赔事件的原因不同，对一方当事人提出的索赔可能给予合理补偿工期、费用和（或）利润的情况，分别作出了相应的规定。其中，引起承包人索赔的事件以及可能得到的合理补偿内容见表 5-3-1。

《标准施工招标文件》中承包人的索赔事件及可补偿内容　　　　表 5-3-1

序号	条款号	索赔事件	可补偿内容		
			工期	费用	利润
1	1.6.1	迟延提供图纸	√	√	√
2	1.10.1	施工中发现文物、古迹	√	√	
3	2.3	延迟提供施工场地	√	√	√
4	4.11	施工中遇到不利物质条件	√	√	
5	5.2.4	提前向承包人提供材料、工程设备		√	
6	5.2.6	发包人提供材料、工程设备不合格或延迟提供或变更交货地点	√	√	√
7	8.3	承包人依据发包人提供的错误资料导致测量放线错误	√	√	√
8	9.2.6	因发包人原因造成承包人人员工伤事故		√	
9	11.3	因发包人原因造成工期延误	√	√	√
10	11.4	异常恶劣的气候条件导致工期延误	√		
11	11.6	承包人提前竣工		√	
12	12.2	发包人暂停施工造成工期延误	√	√	√
13	12.4.2	工程暂停后因发包人原因无法按时复工	√	√	√
14	13.1.3	因发包人原因导致承包人工程返工	√	√	√
15	13.5.3	监理人对已经覆盖的隐蔽工程要求重新检查且检查结果合格	√	√	√
16	13.6.2	因发包人提供的材料、工程设备造成工程不合格	√	√	√
17	14.1.3	承包人应监理人要求对材料、工程设备和工程重新检验且检验结果合格	√	√	√
18	16.2	基准日后法律的变化		√	
19	18.4.2	发包人在工程竣工前提前占用工程	√	√	√
20	18.6.2	因发包人的原因导致工程试运行失败		√	√
21	19.2.3	工程移交后因发包人原因出现新的缺陷或损坏的修复		√	
22	19.4	工程移交后因发包人原因出现的缺陷修复后的试验和试运行		√	
23	21.3.1（4）	因不可抗力停工期间应监理人要求照管、清理、修复工程		√	
24	21.3.1（4）	因不可抗力造成工期延误	√		
25	22.2.2	因发包人违约导致承包人暂停施工	√	√	√

5.3.2　施工合同履行中涉及索赔的证据

在工程项目的实施过程中，会产生大量的工程信息和资料，这些信息和资料是开展索赔的重要依据。如果项目资料不完整，索赔就难以顺利进行。因此在施工过程中应始终做好资料积累工作，建立完善的资料记录和科学管理制度，认真系统地积累和管理合同文件、质量、进度及财务收支等方面的资料。对于可能会发生索赔的工程项目，从开始施工时就要有目的地收集证据资料，系统地拍摄现场，妥善地保管开支收据，有意识地为索赔文件积累所必要的证据材料。常见的索赔证据主要有：

（1）各种合同文件，包括工程合同及附件、中标通知书、投标书、标准和技术规范、图纸、工程量清单、工程报价单或预算书、有关技术资料和要求等。具体的如发包人提供的水文地质、地下管网资料，施工所需的证件、批件、临时用地占地证明手续、坐标控制点资料等。

（2）经工程师批准的承包人施工进度计划、施工方案、施工组织设计和具体的现场实施情况记录。各种施工报表有：①驻地工程师填制的工程施工记录表，这种记录能提供关于气候、施工人数、设备使用情况和部分工程局部竣工等情况；②施工进度表；③施工人员计划表和人工日报表；④施工用材料和设备报表。

（3）施工日志及工长工作日志、备忘录等。施工中发生的影响工期或工程资金的所有重大事情均应写入备忘录存档，备忘录应按年、月、日顺序编号，以便查阅。

（4）工程有关施工部位的照片及录像等。保存完整的工程照片和录像能有效地显示工程进度。因而除了标书上规定需要定期拍摄的工程照片和录像外，承包人自己应经常注意拍摄工程照片和录像，注明日期，作为自己查阅的资料。

（5）工程各项往来信件、电话记录、指令、信函、通知、答复等。有关工程的来往信件内容常常包括某一时期工程进展情况的总结以及与工程有关的当事人，尤其是这些信件的签发日期对计算工程延误时间具有很大参考价值。因而来往信件应妥善保存，直到合同全部履行完毕，所有索赔均获解决时为止。

（6）工程各项会议纪要、协议及其他各种签约等。在标前会议和决标前的说明会议上，发包方对承包商问题的书面答复，或双方签署的会谈纪要；在合同实施过程中，发包方、项目负责人和各承包商定期会商讨，研究实际情况，作出决议或决定，这些会谈纪要经过各方签署可以作为合同的补充，具有法律效力。

（7）发包人或工程师发布的各种书面指令书和确认书，以及承包人要求、请求、通知书。

（8）气象报告和资料。如有关天气的温度、风力、雨雪的资料等。

（9）投标前业主提供的参考资料和现场资料。

（10）施工现场记录。工程各项有关设计交底记录、变更图纸、变更施工指令等，工程图纸、图纸变更、交底记录的送达份数及日期记录，工程材料和机械设备的采购、订货、运输、进场、验收、使用等方面的凭据及材料供应清单、合格证书，工程送电、送水、道路开通、封闭的日期及数量记录，工程停电、停水和干扰事件影响的日期及恢复施工的日期等。

（11）工程各项经业主或工程师签字确认的签证。如承包人要求预付通知，工程量核实确认单。

（12）工程结算资料和有关财务报告。如工程预付款、进度款拨付的数额及日期记录，工程结算书、保修单等。

（13）各种检查验收报告和技术鉴定报告。由工程师签字的工程检查和验收报告反映出某一单项工程在某一特定阶段竣工的程度，并记录了该单项工程竣工的时间和验收的日期，应该妥为保管。例如，质量验收单、隐蔽工程验收单、验收记录；竣工验收资料、竣工图。

（14）各类财务凭证。需要收集和保存的工程基本会计资料包括工资单、人工分配表、经会计师核证的财务决算表、工程预算、工程成本报告书、工程内容变更单等。

（15）其他，包括分包合同、官方的物价指数、汇率变化表以及国家、省、市有关影响工程造价、工期的文件、规定等。

5.3.3　索赔报告的编写

索赔报告能够全面反映一方当事人提出的索赔要求和主张，对方当事人也是通过对索赔文件的审查、分析和评价作出对索赔的认可、要求修改和拒绝。索赔报告是双方当事人进行索赔谈判的重要依据，具体内容主要包括：

（1）索赔总述

在索赔报告书的开始，需要对索赔事件进行总述，总述部分的阐述要求简明扼要，说明问题。它一般包括前言、索赔事项概述、具体索赔要求、索赔报告编写及审核人员名单。报告中首先应概要地叙述索赔事件的发生时间、地点与过程，承包商为该索赔事件所付出的努力和附加开支，以及承包商的具体索赔要求。

（2）索赔根据

索赔根据部分主要是说明承包商对索赔事件造成的影响具有索赔权利，这是索赔能否成立的关键。该部分的内容主要来自工程的合同文件，并参照有关法律规定。承包商的索赔要求如果有合同文件的支持，应直接引用合同中的相应条款。按照索赔事件发生、发展、处理和最终解决的过程编写，并明确全文引用有关的合同条款，使业主和监理工程师能清晰了解索赔事件的始末，并充分认识该项索赔的合理性和合法性。

对于索赔事件的发生、发展及解决过程、对承包商施工过程的影响，承包商应客观地描述事实，防止夸大其词或牢骚抱怨，避免引起工程师和发包人的怀疑和反感。

（3）索赔计算

索赔计算的目的，是以具体的计算方法和计算过程，说明自己应得经济补偿的款额或延长的工期。计算部分的任务是决定得到多少索赔款额或工期。在索赔费用计算部分，承包商必须阐明下列问题：

1）索赔款的总额。

2）各项索赔款的计算，如额外开支的人工费、材料费、管理费、损失的利润等。

3）说明各项开支计算的依据及证据材料。

承包商应根据合同计价方式的不同、索赔事件的特点及掌握的证据资料等因素选择合适的计价方法。

（4）索赔证据

1）招标文件、工程合同文件及附件、业主认可的工程实施计划、施工组织设计、工程图纸、技术规范等。

2）工程各项有关设计交底记录、变更图纸、变更施工指令等。

3）工程各项经业主或工程师签认的签证。

4）工程各项往来信件、指令、信函、通知、答复等。

5）工程各项会议纪要。

6）施工计划及现场实施情况记录。

7）施工日报及工长工作日志、备忘录。

8）工程送电、送水、道路开通、封闭的日期及数量记录。

9）工程停电、停水和干扰事件影响的日期及恢复施工的日期。

10）工程预付款、进度款拨付的数额及日期记录。

11）图纸变更、交底记录的送达份数及日期记录。

12）工程有关施工部位的照片及录像等。

13）工程现场气候记录，如有关天气的温度、风力、雨雪等。

14）工程验收报告及各项技术鉴定报告等。

15）工程材料采购、订货、运输、进场、验收、使用等方面的凭据。

16）工程会计核算资料。

17）国家、省、市有关影响工程造价和工期的文件、规定等。

5.3.4 索赔报告编写实训任务单

1. 实训目的

本实训项目旨在通过老师合理引导学生熟悉索赔报告及费用索赔、工期索赔计算的相关知识，完成索赔报告编写的准备工作，培养学生编写索赔报告的能力，以及团队合作、沟通能力及资料整理能力等。

2. 建议实训方式

选取典型工程项目 1~2 个，选用的工程项目类型建议多样化（住宅、办公楼、教学楼、综合商场等），以真实的工程为实训项目背景，分组完成实训。实训要求提供项目实施背景及实施过程中出现的问题。以小组为单位模拟项目实施过程中发生的索赔问题情境，在项目背景下，结合理论知识学习，完成任务单要求的编制任务。

3. 建议实训内容

编写索赔报告。具体实训内容根据项目背景及学生的情况可以提出不同的要求。

4. 提交实训成果

提供给学生项目实施背景资料，要求学生完成工程项目索赔报告的编写工作（各省、自治区、直辖市有相关索赔报告格式要求的，实训时可参照）。

实训成果：工程索赔报告。

5. 实训进度要求

建议 2~4 课时。

5.3.5　工程索赔报告实例

×××有限公司新建厂区工程索赔报告书

一、总述

1. 前言

2022 年 11 月 25 日，由×××建筑工程有限公司与×××有限公司（以下称贵公司）投资建设的×××有限公司新建厂区工程签署了土建（基础土方、结构、门窗、防火门等各种门、屋面、保温、地下室、公共部位的装饰装修等、室外附属道路）、钢结构制作、安装；水电安装[含水、低压电、消防（含卷帘门）、通风弱电、室外附属安装内容等（不含电梯产品的采购及安装），幕墙（含外铝合金门窗）]等承包合同，该工程设计为现浇结构框架 4 层、钢框架 7 层、钢排架 1 层，总建筑面积 14010m²。合同工期为 244 天，计划工期为 2022 年 12 月 1 日至 2023 年 8 月 1 日，在施工合同签署后，我方按照合同相关内容于合同签订后次日即进场施工，并搭设临时办公用房、生活设施、临时道路及文明施工的必要设施设备，并加班加点在 2022 年 12 月 10 日完成所有临时设施施工内容。在此期间我方多次要求贵公司按照合同专用条款第 1.6.1 和第 1.6.5 条提供地下管线图纸及全套施工图纸，以便及时编制施工组织设计、施工方案和施工进度计划，并组织施工人员的配备，以及办理工程开工的备案手续，但贵公司于 2023 年 1 月 12 日仅提供了办公楼、综合楼、成品车间、编织袋库、机修配电房、休息室、淋浴房的图纸，圆筒仓图纸经多次变更后于 2022 年 12 月 20 日才提供，其中最影响总工期的关键图纸主车间及原料车间图纸于 2023 年 2 月 26 日才提供，基于此事我方专门成立了工程开工前期施工项目部，委派王××为本项目总指挥，组建了以×××为项目副经理现场前期负责人的项目部领导班子，抽调我方技术骨干和优质管理人员参与本项目的前期施工建设，在正式开工前按施工组织设计要求组织以×××为项目经理的精干领导班子从技术和管理服务水平等方面得到根本保证。我方于 2022 年 11 月 25 日正式进场施工，按照合同内容和贵公司要求周密部署。为了满足施工现场材料的需要，我方不但投入了几百万元的现金保障施工资金的需要，还在项目部下设立了材料采购组，保障施工材料的质量和施工需要数量，2022 年 12 月下旬所有材料采购均已经签署合同，部分正在按照合同履行。2023 年 1 月 21 日春节前，经全体工人加班加点已完成办公楼、综合楼、消防水池、编织袋、机修配电间、成品车间等全部基础施工，但由于圆筒仓变更虽经加班加点施工仍导致原计划进度延期了 1 个月的进度，在 2023 年 2 月 10 日春节后我项目部为弥补滞后的进度，在技术性农民工很难招聘的情况下，承诺不低于 2022 年度 12 月工资待遇，且保证月月兑现，并承担农民工单边路费伙食供给制的许诺下，从千里之外的安徽、四川、河南等地选聘了几百名优质农民工，同时在江苏苏北等地招聘了部分农民工，均签署了劳务合同书，至 2023 年 2 月 14 日，已招聘农民工达 76 人，加上劳务班组负责人，共计 80 余人，现场已到工人 80 人，为了改善施工工地管理人员及农民工的生活环境和保障良好的休息，顺利完成施工任务，我方与农民工承诺如不能如期开工所有人工费及伙食费均按时支付。2022 年 12 月 31 日前，我方×××有限公司新建厂区项目部与所有劳务作业分包小组均签订了劳务合同。

2. 索赔事项概述

2023 年 2 月 13 日，当我方准备春节后开始投入大量工人赶工时，由于贵公司对质监、安监备案手续及开工许可证至今尚未办理不能继续施工，故贵公司于 2023 年 2 月 14 日对我方项目部下了停工通知，致使我方的所有计划必须重新调整，也导致我方在人、材、物等多方面的损失和众多劳务分包及材料采购合同构成违约而承担违约责任，造成多项直接和间接损失。至 2023 年 3 月 26 日通知复工。

3. 索赔要求

由我方向贵公司提起索赔的事由是因贵公司单方违约未按合同要求提供图纸及其他备案材料致使不能进行正常开工，故索赔要求包括下列方面：

（1）人工费。包括：违约劳务分包、为了完成原工程等待费用而额外支付的人工费用，按照劳务合同支付给民工的补偿金及路费。

（2）材料费。包括租赁材料（钢管、模板）。

（3）机械台班费。包括施工机具、木工圆盘机、电焊机、弯曲机、切断机、直螺纹套丝机。

（4）机械闲置折旧费。包括搅拌机、挖掘机、运输车小型挖机等闲置折旧损失。

（5）施工机械损失（塔机）

1）2023年7月1日前，为了按计划完成施工任务而采用塔机垂直运输使用费（含实际停用等待费和违约金）。

2）2023年2月25日前，为了按计划完成施工任务而采用挖掘机。

3）因施工延期致使塔机、挖掘机租赁合同延期违约损失。

（6）材料费上涨费。由于停工期间及工期延期产生的原材料大幅上涨差价。

（7）工地管理费。我公司从停工期间及由贵公司原因发生的工期延期实际工作量差支付的工地管理费，包括管理人员工资、现场日常生活费用、水电费用等临时设施投资损失及生活用品损失。

（8）停工产生的钢筋锈蚀处理费用。

（9）停工期间产生的水电费用。

（10）赶工费用。主要进度的主车间及原料车间图纸由于延期3月之多才提供给我公司，为尽量缩短工期需采取必要的措施进行赶工所需的费用。

二、索赔依据部分

索赔事件发生情况：我方从2022年11月25日正式进场施工至2023年3月28日，除我方与监理工程师及贵公司正常往来的工作联系外，三方没有任何分歧意见，特别是我方在接到贵公司的相关指令后，均在合理范围内予以处理，没有任何违约。但由于贵公司经我方多次要求按合同提供施工图及施工许可证办理的各种资料文件至今未按合同给予提供，导致我方在施工组织和材料准备、人员安排等方面没有任何时间和机会避免和减少损失，致使我方损失巨大。

索赔要求的合同依据：由于贵公司的×××有限公司新建厂区工程未予办理质监和安监备案手续，未办理施工许可证申办手续，且未能及时提供对施工进度起关键影响的主车间原料车间和圆筒仓施工图，并于2023年2月14日由于贵方施工手续不全要求我方停工，故本项目的索赔合同依据有：

（1）合同协议书。

（2）停工联系单。

（3）复工联系单。

（4）变更图纸。

三、计算部分

索赔总额：依据本事件产生的原因和涉及的范围，我方按照建筑行业施工索赔及×××有限公司新建厂区工程项目部实际损失分为10大项，共计索赔总额为：1941411.3元。

各项计算单列如下（详细计算清单见索赔计算书）：

（1）停工人工费损失合计为：544800元。

（2）周转材料租金损失为：85052元。

（3）停工机械台班损失：10065元。

（4）停工机械台班闲置折旧费24432.6元。

（5）停工塔吊租赁费用29467元。

（6）停工致使原材料快速上涨增加费650928元。

（7）工程管理费用、经营费用损失188666.7元。

（8）停工致使钢筋锈蚀产生的除锈损失20000元。

（9）停工期间产生的水电损失208000元。

（10）工程赶工增加费180000元。

（1）～（10）共计：1941411.3元。

各项计算依据及证据：

（1）停工人工费损失：544800元

按照签署的劳务分包协议及协议工资标准230元/工日的45%，支付必需生活费用按每人每天100元补助。

证据：劳务分包协议书。

（2）周转材料租金损失：85052元

脚手架租赁损失：按照租赁合同约定支付租金为主车间、机修配件间按墙面面积18元/m²，圆筒仓、休息室、淋浴公厕、编织袋库、原料车间、成品车间、办公楼、综合楼、门卫地磅房按建筑面积30元/m²，按每天计取（2023年2月14日～2023年3月26日），终止后工期为40天，租赁部分钢管损失85052元。

证据：租赁合同。

（3）停工机械台班损失：10065元

证据：现场机械图片。

（4）停工机械台班闲置折旧损失：24432.6元

证据：现场机械图片。

（5）停工塔吊租赁损失：29467元

塔吊租赁按1号塔吊租赁费为5000元/月，2号塔吊租赁费为4500元/月，人工工资为每人每月4500元，补助生活费每人每月300元。

证据：租赁合同。

（6）停工致使原材料上涨差价费用损失：650928元

钢材采购损失：因工程停工及贵公司原因导致工期延期致使钢材涨速迅猛，原材损失为650928元。

证据：购销合同；市场信息价。

（7）工程管理费用、经营费用损失：188666.7元工程管理费用、经营费用损失，管理人员工资后勤人员费用、生活伙食费用。

证据：工资发放明细表；财务报表（工程管理费用汇总，各项经营费用汇总）。

（8）停工致使钢筋锈蚀产生的除锈损失：20000元

证据：现场图片。

（9）停工期间产生的水电损失：208000元

证据：水电缴费单、付款票据。

（10）工程赶工增加费：180000元

证据：施工进度计划表

合计：（1）+（2）+（3）+（4）+（5）+（6）+（7）+（8）+（9）+（10）=1941411.3元

大写：壹佰玖拾肆万壹仟肆佰壹拾壹元叁角

四、证据部分

本索赔书的证据有：

（1）标准、规范及有关技术文件。

（2）所有与工程施工相关的合同书（材料购销、设备租赁、劳务合同及领取补偿费登记表等）。

（3）我公司有关的财务报表。

（4）合同文本。

（5）现场往来文件。

对证据的说明：

（1）对作为本索赔书证据使用的标准、规范及有关技术文件均按照国家标准、行业标准及招投标文书确定的标准执行，本索赔书证据中没有提供相应标准文本。

（2）涉及财务问题方面的证据，鉴于财务保密规定，只提供综合报表，不提供列支明细。

（3）由于签署劳务合同的农民工人数较多，无法提供全部合同文本，仅提供文本之一作为证据，其余文本保存在公司，可以查阅。

对于基础井点降水因停工延期产生的费用在井点降水报价中增加，另行计算，不在此索赔费用中。

五、结束语

综上所述，我方按照贵公司的要求组织工程施工，服从贵公司的要求；由于贵公司经我方多次要求按合同提供施工图及施工许可证办理的各种资料文件未按合同给予提供，导致我方在施工组织和材料准备、人员安排等方面没有任何时间和机会避免和减少损失，致使我方损失巨大，责任属于贵公司责任范畴，且我方在计算索赔时，充分考虑主客观因素，仅计算了我方因此而受到的直接和间接损失（利润损失），没有将信誉损失、为了本工程而放弃其他工程的利润损失、为了减少索赔事件影响造成其他损失而支出的费用列入索赔范畴，我方认为计算是实事求是的，态度是诚恳的，数据是客观的，要求是合理的，希望贵公司在接到本报告书后，立即着手研究解决。我方为了明确责任，减少我方在施工中的损失，也为了顺利完成尚没有完成的施工内容，保护双方共同利益，我方在原工程索赔意向书的基础上，报送本索赔报告书，望贵公司予以审核并尽快书面答复或组织面谈。

　　此致

公司：×××

报告人：×××

报告时间：××年××月××日

附 录

　　工程项目在完成全部招标流程之后，需要对项目全过程的资料进行整理汇编，最后归档保存。每一位招标工作人员能够准确地将项目全过程招标资料进行整理排序，制作目录归档。

　　不同类型的项目，招标形式的不同，过程中的资料会有一些不同，下面开列一个项目的招标过程资料汇编目录，结合本实训教材前面的 5 个实训项目，熟悉汇编资料整理的思路，也可以选择实训案例进行练习。

工程项目招标过程资料汇编目录

1. 代理机构营业执照

2. 代理机构资质证书

3. 招标代理合同

4. 招标公告及网页版

5. 投标单位备案汇总表

6. 投标单位备案资料

7. 招标文件（另附）

8. 澄清、答疑文件

9. 评标专家抽取表

10. 签到表（招标单位、监督单位、代理单位、投标单位）

11. 开标会议议程

12. 投标文件密封确认单

13. 公开招标开标情况确认单

14. 评标委员会签到表

15. 项目评审专家承诺书

16. 评标办法

17. 资格审查记录表

18. 形式评审和响应性评审记录表

19. 报价得分表

20. 评委打分表

21. 评委打分汇总表

22. 公开招标开、评标情况一览表

23. 评标报告

24. 中标意见书

25. 中标结果公示及网页版

26. 中标通知书

27. 投标情况书面报告

参考文献

[1] 任志涛，成桂英，等 . 工程招投标与合同管理 [M]. 北京：电子工业出版社，2016.

[2] 赖笑，陈波，等 . 建设工程招投标与合同管理 [M]. 重庆：重庆大学出版社，2018.

[3] 高显义，柯华 . 建设工程合同管理 [M]. 上海：同济大学出版社，2015.

[4] 国家发展和改革委员会法规司 . 中华人民共和国招标投标法实施条例释义 [M]. 北京：中国计划出版社，2012.

[5] 宋春岩 . 建设工程招投标与合同管理 [M]. 4 版 . 北京：北京大学出版社，2018.

[6]《标准文件》编制组 . 中华人民共和国标准施工招标文件 2017 年版 [M]. 北京：中国计划出版社，2018.

[7] 刘安业 . 建筑工程招标投标实例教程 [M]. 北京：机械工业出版社，2020.

[8] 李颖，康铁钢 . 建设工程招投标模拟实务训练 [M]. 北京：中国建材工业出版社，2014.

[9] 住房和城乡建设部 . 建设工程工程量清单计价规范 GB 50500—2013[S]. 北京：中国计划出版社，2013.